U0272474

灰学评说

COMMENTS ON GRAY THEORY

孙诺亚　吴文上　编著

西泠印社出版社

图书在版编目（CIP）数据

灰学评说 / 孙诺亚，吴文上编著. -- 杭州 : 西泠印社出版社，2021.6
ISBN 978-7-5508-3426-2

Ⅰ. ①灰… Ⅱ. ①孙… ②吴… Ⅲ. ①灰色系统理论—文集 Ⅳ. ①N941.5-53

中国版本图书馆CIP数据核字(2021)第111852号

灰学评说
孙诺亚　吴文上　编著

出 品 人　江　吟
责任编辑　伍　佳
责任出版　李　兵
责任校对　曹　卓
技术总监　冯智慧
出版发行　西泠印社出版社
（杭州市西湖文化广场32号5楼　邮编　310014）
经　　销　全国新华书店
制作排版　杭州科达书社
印　　刷　浙江全能工艺美术印刷有限公司
开　　本　787mm×1092mm　1/16
字　　数　260千字
印　　张　12.25
印　　数　0001—1000
书　　号　ISBN 978-7-5508-3426-2
版　　次　2021年6月第1版　2021年6月第1次印刷
定　　价　120.00元

西泠印社出版社发行部联系方式：（0571）87243079

作者简介

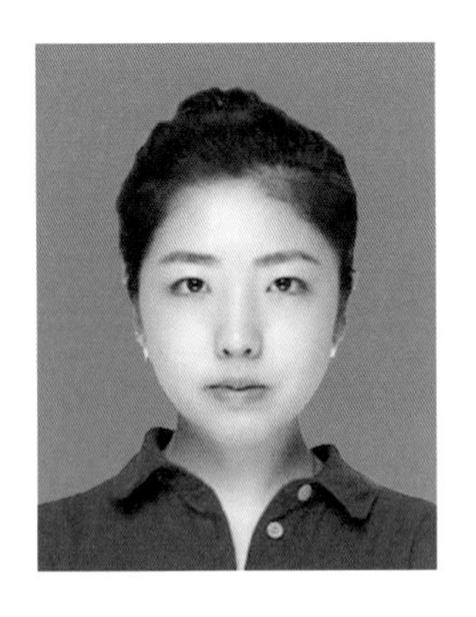

孙诺亚

1993年生于杭州，台湾辅仁大学哲学和德语语文学学士，中国美术学院艺术设计硕士在读。系《孙万鹏灰学文集》（10—12卷）的编纂者之一。曾策划并执行“设计在场——当代设计策展的灰度决策沙龙”（浙江展览馆，2018年）、“孙万鹏灰学研讨会暨《孙万鹏灰学文集》（10—12卷）首发式”（浙江日报社国际会议厅，2019年）等，作品曾在中国国际设计博物馆、浙江展览馆、浙江西湖高等研究院等场馆展出。

吴文上

1941年生于上海，高级农艺师。1963年毕业于原浙江农业大学（现浙江大学）植物保护系，发表科技论文100多篇，1992年起享受国务院政府特殊津贴。1988年后从事灰色评估、灰色聚类、灰色统计、灰局势决策等研究，出版灰学著作3部。2008—2016年，游历考察了56个国家。与丈夫孙万鹏曾获国家级科技进步奖1个，省部级科技进步奖、优秀成果奖12个。2004年，其家庭被评为杭州十大书香人家。

G R A Y T H E O R Y
周
复杂灰色巨系统论
COMPLEX GRAY GIANT SYSTEM THEORY
孙万鹏
灰体系哲学
孙万鹏 著
灰熵论
灰学札记
——"社会热点"的灰
孙万鹏 著
高 飞著
股票灰色预测
GOPIAO
HUISE
YUCE
灰学系列著作
灰农学
孙万鹏 吴文上 著
——农业
孙万鹏
孙万鹏灰学诗词集
孙万鹏 著
孙万鹏 著
走向新城市
灰学系列著作
表現學
孙万鹏著
山东人民出版社
灰学系列著作
選擇學
孙万鹏著
山东人民出版社
调查學
灰学系列著作
灰学系列著作

孙万鹏灰学著作简介

□ 灰学贯穿着一条“红线”——“灰思维”方式。它揭示了世界万事万物的“部分确定与部分不确定，短点上确定与非短点上不确定”的本质特征，既不同于人类历史上强调事物规律确定性的现代主义思维方式即“白思维”方式，又不同于近年来风靡于西方的强调多元不确定性后现代主义思维方式即“黑思维”方式。

□ 灰学的诞生：1990年，孙万鹏处女作《表现学》公开出版；1995年，《孙万鹏灰学文集》（1—3卷）公开出版，灰学在媒体和学术界掀起波澜。

□《孙万鹏灰学文集》（1—12卷）约合1000万字，内容涉及经济、农业、建筑、文学、国际关系等若干领域，收录了1990—2019年之间出版的完整著作35本，论文160篇，分别由山东人民出版社、民主与建设出版社等出版（详见“附录”）。

孙万鹏部分灰学著作

灰学评议委员会名单

1996 年 10 月

序号	职务	姓名	工作单位	所学专业	从事专业	职称职务
1	主　任	邓聚龙	华中科技大学	灰色系统	灰色系统	教授、博士生导师
2	副主任	罗庆成	浙江农业大学	农业系统	农业系统	教授、副博士生导师
3	委　员	叶守泽	武汉水利电力大学	水　利	水　利	教授、博士生导师
4	委　员	王清印	河北煤炭建工学院	灰数学	灰数学	教　授
5	委　员	史开泉	山东工业大学	自动控制	灰色系统	教授、副博士生导师
6	委　员	易德生	武汉汽车大学	自动控制	灰色系统	教　授
7	委　员	夏　军	武汉水利电力大学	水　电	灰色系统	教授、博士生导师
8	委　员	刘思峰	河南农业大学	应用数学	灰数学	教　授
9	委　员	魏益华	浙江省委党校	自然辩证法	自然辩证法	教　授
10	委　员	徐立幼	浙江农业大学	农业经济	农业经济	教　授

灰学评议指导委员会名单

2021年3月

孙万鹏灰学理论及文集评议意见

孙万鹏灰学理论及文集，富有哲理，内涵丰富。

1.他运用华中理工大学（现华中科技大学）教授邓聚龙灰色系统理论中的灰色数学公式，推导出宇宙同构性、同原性与同息性三大原理；根据灰色关联度分析，推导出唯物辩证法、表现辩证法和存在辩证法系列。其成果受到了1991年在浙江杭州召开的全国第六次灰色系统理论研讨会与会26个省、市、自治区专家的高度评价，被誉为“灰色系统理论研究新的里程碑”。评议委员会认为这一评价是正确的。

2.灰学贯穿着一条“红线”——“灰思维”方式。它揭示了世界万事万物的“部分确定与部分不确定，短点上确定与非短点上不确定”的本质特征，既不同于人类历史上强调事物规律确定性的现代主义思维方式即“白思维”方式，又不同于近年来风靡于西方的强调多元不确定性后现代主义思维方式即“黑思维”方式，具有极高的理论与实际价值。武汉灰色系统研究会与浙江灰色系统研究会专门印发了1994（1）号文件，“推荐一种新的思维方式——‘灰思维’方式，指出它不愧是‘一种文化原子弹爆炸’”，将会推动人类思维方式的革命。评议委员会对此表示认同。

3.科技查新报告（96003)号表明，运用“灰思维”方式撰写的灰学系列著作(《表现学》《灰色价值学》《灰色综防学》《表现经济学》《灰农学》)，国内外尚未见相关文献报道。《孙万鹏灰学文集》中的另5本著作《选择学》《调查学》《改革学》《股票灰色预测》《灰学新思维》与国内外相关的文献报道也有质的区别，同样具有创新性。

评议委员会认为，孙万鹏灰学理论在学术上具有国际领先水平。

灰学理论除了有很高的理论价值外，也有很高的实际应用价值。《灰色综防学》为联合国粮农组织综防项目官员肯定，被浙江省农业厅(现浙江省农业农村厅)、浙江省植保总站与试点单位应用后，已取得可观的经济效益；《灰农学》受到中央农村干部管理学院重视，已被列为教辅；《股票灰色预测》甫一出版，即成为当年全国的十大畅销书之一。最近，根据“灰思维”方式撰写的《全准论》，在浙江省委党校省管干部进修班、研究生班讲授时，受到了普遍的好评。

鉴于以上情况，评议委员会建议该成果申报国家级科技进步一等奖。

灰学评议委员会主任：邓聚龙

灰学评议委员会副主任：罗庆成

1996年10月

祝贺孙万鹏先生农学文集出版！向多年来呕心沥血，为发展农学事业做出重大贡献的孙万鹏先生致敬！

邓聚龙

一九九五年六月十八日

310006

浙江省杭州市体育场路359号

中国水稻研究所

孙方鹏同志：

您8月初来信及所赠尊作《第3种科学》都收到，我十分感谢！"灰学"是一门新兴学科，在美国就有MIT的Forrester, Dennis Meadows, Peter Senge，还有Santa Fe Institute等。所以是一门大有前途的理论。祝您和您的同事们能不断多作贡献，为我国社会主义建设出力！

对尊作拜读后如有所思，再向您请教。

此致

敬礼！

钱学森

1998.8.22

序一

孙诺亚

孙诺亚（左）

从不确定性的角度来看待事物的发生和发展，是第二种科学和第一种科学的重要区别。

——《第 3 种科学》第 213 页

凡存在的在短点上可能是合理的，在非短点上可能是不合理的。

——《第 3 种科学》第 322 页

为何要编撰本书，并且极力促成它在2021年面世？主要有三层动机，以及一个契机。

三层动机：

一是孙辈的身份使然。从记事起至今，灰学已经走进我的生活20余年。这是祖辈用文字、用行动点点滴滴传递给我的一种“朦胧”的行动之学与书香人家的淡淡清香：志向高远、坚忍精进；物欲平淡但不失热情与雅趣，心灵恬静但并非置身事外。即便是曾以第一志愿考取台湾辅仁大学以哲学为主修专业之一，最终顺利获得了学位，但隔着海峡以及多元文化背景催生的思考，对于一个未满20岁的年轻人来说，始终是庞杂而浅显的，偶尔将自认为精妙的点子诉诸笔端，但文句终因缺少生活的淬炼而难掩稚嫩的傲气。无论东西，生命奔流，但如同《灰学札记》中《关于青年与老年的评述》所言："在青年时，你会觉得一天的时间很短，一年的时间很长；到了老年，你会觉得一年的时间很短，一天的时间很长。"2020年，时间的针脚同往年一样不紧不慢，只是到本书出版之际，敬爱的孙万鹏先生与吴文上先生——为灰学这一学科倾注了近半个世纪心血的伉俪，即将迈入杖朝之年。

借由编撰本书开启一段两代人之间的独特对话，以表达我感激之情的想法日益迫切。走进灰学这一仍未敢说全然了解的"家学"，在字里行间走一遍祖辈当年走过的路，也希望以此为镜，向中华文明乃至世界文明蜿蜒的长河再靠近一点，以期勾勒一条一头连当下的传播媒介、一头不忘本源的个人生命路径。

二是学科的责任使然。至《孙万鹏灰学文集》（10—12卷）出版，"灰学理论"从以往老三论（系统论、信息论、控制论）、新三论（突变论、协同论、耗散结构论）基础上所做出的突破在实践（N）—理论（P）—新实践（N）与理论（P）—新理论（N）与实践（P）的三极考验中已臻成熟，正如中国人民大学教授、博士生导师张象枢所说："孙万鹏在灰学、控制论的基础上又有了新的突破。从控制来讲，有可控性与不可控性。但更普遍的是孙先生讲的第三种。当然，用邓聚龙的一套描述也可以，但是有限制。哈肯的协同论提出'自组织''他组织'，实际上，绝对'自组织'与'他组织'也是特例，它有孙先生讲的更普遍的第三状态。我觉得孙先生这一步跨越是很重要的。"又如浙江省委党校原常务副校长、教授魏益华所说："思维至上性、真理的绝对性、确定性是第一种状态；非至上性、相对性、不确定性是第二种状态。那么，思维至上性与非至上性的结合，确定性与不确定性的结合就是第三种状态，而这种结合则是理论的焦点和重点。以往，由于时代的限制，对第三种状态未能充分展开研究，留下了重大的遗憾。孙万鹏抓住了上述理论的焦点与重点加以丰富，并展开成一门专门的学问，这使它具有了重大的理论和现实意义。"仅个人狭窄的视野所见，以艺术设计领域展览展示这一普及性日益增长的传播媒介为例，在"80后"到"00后"

1985年，孙万鹏陪同时任浙江省省长沈祖伦（中）接见日本静冈国际农友会代表（左一、左二）

2003年，《澄江情》《孙万鹏灰学诗词集》作品研讨会隆重召开

1991年，全国灰色系统学术研讨会暨《灰学》首发式

1991年，孙万鹏夫妇与浙江省原省委常委、省委宣传部部长陈冰（右一），浙江省原副省长、顾问委员会副主任刘亦夫（左一），中国科学院院士、中国水稻研究所第一任所长朱祖祥（左二），浙江省政协原副主席邱清华（左三）在《灰学》首发式后台

2002年，孙万鹏《走向新城市》首发式在钱江晚报社举行

2005年，"孙万鹏灰学诗歌研讨会"在北京大学召开

受众间曾掀起波澜的学术展不少带有浓重的照搬经典科学与现代科学开拓者理论碎片或名词概念的影子，缺乏相对完整且自洽的深入解读，与中华文明、中国真实世界的联系较弱。故而有效地借助时代的媒介，发扬和完善从正、反、合的辩证中着眼未来的灰学，并且用文化自信与兼收并蓄的胸怀坚定地深入下去，也是学科发展的要求。

三是学生的身份使然。整理、思考与编撰的过程是用更为周全的眼光检视个人从哲学、语言文学到设计的所见所思，通过文献分析、实证分析、比较研究等方式梳理灰学这一包罗万象之学，用以辅助验证过去三年参与的策展、编撰、策划、主持等领域相关的实践。这些都是作为一名合格的硕士研究生应当反复锤炼的基本素养，以不断鞭策精进"研究事物的叩其两端（turn things over）能力"[1]。

2019年，灰学研讨会暨《孙万鹏灰学文集》（10—12卷）首发式[2]在浙江日报社国际会议厅举办，本书整理汇编了与会专家学者、行业代表和亲友们在现场的声音，并收录了近5年来政府、企业、学界及媒体对灰学的评议，同时附上了灰学创始人孙万鹏先生著作捐赠目录及收到的回复。一方面是希望向所有与会和关心此次研讨会情况的各位领导、哲学工作者和

1. 约翰·杜威．我们如何思维［M］．马明辉译．上海：华东师范大学出版社，2020：85.
2. 2019年9月15日灰学研讨会暨《孙万鹏灰学文集》（10—12卷）首发式举行，会议由浙江省政府原办公厅主任俞仲达主持，企业界、学术界、文艺界等百余位代表参会。

2005年，孙万鹏《第3种科学》出版座谈会在北京大学召开

2019年，孙诺亚陪同爷爷孙万鹏在《孙万鹏灰学文集》首发式现场接受采访

爱好者提供较为完整的素材，另一方面是为学科的资料积累做出一些努力。

一个契机：

2020年开年在世界范围内暴发的新冠肺炎疫情引发的政府、各行各业、普罗大众的系列反应本身即可以作为第3种科学具体研究并阐释的对象，与大众关切较为直接的议题，例如疾病与人体免疫系统的关系，从“灰谐论”角度看待人体系统科学的一种视角（参考：孙万鹏《灰谐论》之《人体系统科学新思维》《关于祖国中医“科学哲学”的思考（上下篇）》《关于灰熵论高级生命之源再探》等篇，百通出版社，2013），从灰熵论角度看人与自然生态的关系（参考：孙万鹏《灰熵论》之《关于生态系统生物多样性与和谐》，百通出版社，2011）。

更直接的是，宝贵的蜗居时间让缓慢的梳理工作能在较少的干扰下稳步开展。如果从灰学的角度来看，“疫情”是短点，而动机是非短点，举国合力层层抗击病毒传播，要求学校没有通知一律不得返校的命令是确定的，蜗居作为由此而来的馈赠是确定的，持续开展有挑战性的思考本身又是不确定的，追溯乃至追问某个关键决定性的时刻或是对不同媒介传递信息的感受程度、思辨深度也是非唯一性的。这一契机触发了用感性的人文叙事与严谨的学理注释相结合、图文并茂的微小尝试，以期为读者提供一个相对通俗易懂的灰学文本，为大众提供一条用灰学思维思考与实践的入门线索。

三层动机与一个契机，是编写本书的缘由。

本书的内容分为：第一部分“实干：政经民生”，收录了9篇文章，主要来自中央与地方领导对灰学指导经济发展等社会实践做出的实质性贡献的评价，以及前辈学者对灰学的评价，其中大部分是在研讨会上的发言与讲话稿；第二部分“思想：科艺人文”，收录了6篇文章，其中包括以中国美术学院、中国设计智造大奖（以下简称：DIA）等单位发起的“设计在场——当代设计策展的灰度决策沙龙”为具体案例，部分专家就设计策展灰度决策议题的观点，以及知名作家对灰学应用的记录与书信；第三部分“处世：人间窥镜”，收录了9篇孙万鹏先生的同事、夫人、学弟及儿孙对其生活点滴与做人态度的回忆，让读者得以从日常生活中了解灰学创立背后鲜为人知的故事；第四部分“附录”，包括孙万鹏与吴文上出版的著作及获得的荣誉，孙万鹏在《孙万鹏灰学文集》（10—12卷）首发式上对灰学研究历程的回顾，各方对灰学的评议与媒体对此次首发式的报道及《孙万鹏灰学文集》（10—12卷）受赠单位名录。

思考与语言之间总是存在空隙，本人自知思考的深度与广度，以及对词语的把握存在局限性，恳请正在阅读的您批评指正，不吝赐教。如同孙万鹏先生所言，正因为信息的“全息不全”，它才成了人类科学发现最强大的动力，它才铸就了人类永不满足的进取精神。

2020年12月于杭州

序二

吴文上

吴文上

我和孙万鹏从十八九岁至今近80岁，算算已足足认识60余年了。他的为人处世、生活态度、工作习惯……点点滴滴，我是清清楚楚的。退休后，他看书写文章，我打字校对，这已成为我俩20多年来生活与工作的常态。

我们家曾被杭州市评为“十大书香人家”之首。

我们的家离西湖不远，但我俩至少已有10年没去过西湖了。我平时每天打几千字，多时达一万字。孙万鹏的《回眸》一文中谈到的1000万字的著作，基本上是我录入的。至今电脑已换了两台，现在是第三台。其间也有很多困难，特别是碰到画图、制表等这些难题，都是啃骨头一样啃下来的。不过有苦才有甜，每每看到一篇篇论文、一本本书籍、一套套文集问世，我心里有种说不出的美美滋味。

关于孙万鹏，我觉得他善于学习、独立思考，具有超人的意志、毅力和刻苦的精神。他既是我的爱人，又是我的良师益友。而我也敢很骄傲地说自己不愧为他的终身伴侣、得力助手，也是高级秘书。

再说，我俩的儿孙们都非常有出息，并且积极支持我俩著书立说。

我的哥哥吴文贤是位高级摄影师，对我们帮助也很大。我们跑了56个国家，是他帮助我们购买相机、整理照片等；嫂嫂对我们也是无微不至地关心照顾，为我们提供了方便；在温州的弟弟赵万春，也是位摄影专家，为我们做了大量的照片修饰工作。

更加值得一提的是，许多年来，我们的著书立说一直受到各级领导的支持。2002年，孙万鹏回温州老家参加“首届世界温州人大会”，时任温州市委书记李强就到招待所看望我们，给了我们热情的关怀，并在温州名胜江心寺与孙万鹏合影。2003年10月，世界温州人联谊总会成立，有了这个常设机构，我们之间的联系更多了。2008年11月，孙万鹏又参加了“第二届世界温州人大会”，世界温州人联谊总会第二届理事会总会长朱贤良（曾任台州市黄岩县委书记，后调任温州市委副书记），安排了温州市各级组织学习孙万鹏的灰学著作。该年，时任福建省外办主任的温州老乡，在会上还找了孙万鹏，要我们回杭州后给习近平同志带信问好。此后不久，时任省委书记的习近平同志给我们家打了电话。

应该说，我与孙万鹏在经济上不富裕，但是我们的精神是富足的。1991年初，记得唐明华同志在任山东威海电视台经济生活频道副总监时，来拜访我家后写文章说：“我结结实实地感受到一次心灵的震撼。在此之前，我无论如何也想象不到，一位有着多年正厅级资历的干部，家中会如此简陋：除了一台旧电视机和一排旧书橱，竟然没有一件像样的东西。”

2004年初，省机关事务管理局分给我家一套厅局长经济适用房，比现在的住宅大70平方米，但由于手头拮据，我们决定放弃。黄岩的一些干部、群众得知这一消息后，主动提出帮我们借钱买房，可是孙万鹏说啥也不肯答应。

唐明华同志说：“此情此景，真应了中国的那句老话：家贫乐道。看来，孙书记也不例外。因了一个‘贫’字，书记便有了寒士的风雅。‘君子安贫，不坠青云之志’，作为故事来听，或许将信将疑，一旦身临其境，便不由得肃然起敬了。”

老孙清廉的例子不胜枚举：一次黄岩县委常委集体讨论后决定根据老孙的身体情况，给老孙汇款20万元，钱款已到达杭州驻杭办事处。沈桂芳同志时任浙江省委组织部部长，后又调任中国农科院党组书记，她多次劝说孙万鹏：“黄岩的好意你就领了吧！”然而，老孙硬是将钱退回。

……

我希望《孙万鹏灰学文集》能为国家、为社会、为人民留下一笔宝贵的精神财富。这次与孙辈一同编辑出版《灰学评说》一书，一方面是希望及时听取各方评论中具启发性的声音，为学科发展留下材料；另一方面是希望通过这种历史材料整理、讨论的方式，与孙辈分享我们所处时代的故事，使灰学在家风传承上能继续散发光彩。

2020年12月于杭州

文化新闻

HANGZHOU DAILY

杭州日报 7

风雅钱塘 好书添香

藏书人家引导城市文化品位

家"新鲜出炉。在风

2004年杭州市第二届
"藏书·读书"家庭评选结果

【十大书香人家】

孙万鹏、王晡、俞柏鸿、罗以民、鲍
李　飞、夏烈、钱弘道、刘志华、卓

【十大藏书人家】

王杭生、沈界平、赵国华、诸葛
江国云、王兴珑、史旭莹

2004年，孙万鹏家庭被评为"十大书香人家"的报道

2008年，孙万鹏受聘于温州科技职业学院

2008年，孙万鹏与“第二届世界温州人大会”会长合影

2008年，孙万鹏、吴文上夫妇在温州科技职业学院与“世温会”温籍专家、学者合影

2008年，孙万鹏、吴文上夫妇与温州档案馆同志合影

2008年，孙万鹏、吴文上夫妇在"第二届世界温州人大会"期间与温州亲友合影

2013年，孙万鹏、吴文上夫妇与哥嫂吴文贤、朱惠芬合影

2013年，孙万鹏、吴文上夫妇与家人合影

2018年，孙诺亚与母亲在黄山合影

2018年春节，孙万鹏、吴文上夫妇与家人合影

目 录

第一部分

实干：政经民生

灰学大师孙万鹏

刘济民

刘济民：国务院原副秘书长

孙万鹏灰学研讨会暨《孙万鹏灰学文集》（10—12卷）首发式的举行，是学术界的一大盛事，可喜可贺可敬。我是专程从无锡赶到杭州来向孙万鹏、吴文上夫妇表示诚挚的祝贺的。

我也是来这里长见识、开眼界的——一睹世界级灰学大师的风采。刚才听了万鹏同志的致辞，果然是精神矍铄，激情饱满，底气十足。

哪里像得过肝癌的80岁的老人啊！他像个年轻小伙子。我非常羡慕，特别敬仰！

我是20世纪80年代初认识万鹏同志的，当时他是浙江省农业厅厅长，很年轻，很有才气。那时候，我就特别仰慕他的才华和激情。

1986年，我离开北京到南方工作，有30多年没有同万鹏同志见面了。最近10多年，不断地从原农业部政策法规司司长郭书田同志那里听到有关万鹏同志的好消息。近几年，不断地看到万鹏同志写的有关灰学理论的文

2019年，刘济民（左）、孙万鹏（中）在《孙万鹏灰学文集》（10—12卷）首发式现场

章、书籍，不断地听到他写小说、写诗歌，甚至奇迹般战胜癌症的喜讯。我着实为万鹏同志高兴！

我认为，万鹏同志30多年来，创造了三大奇迹：

第一大奇迹，是有关灰学理论的研究。他是灰学理论的伟大的探索者，被公认为灰学创始人，是世界灰学的领军人物。万鹏同志是世界灰学文化联合会主席，这个可不得了！他是名副其实的世界级灰学大师，已经站在世界灰学理论的巅峰。这还不是奇迹？著名科学家钱学森院士和国内外众多的专家学者，对万鹏同志的灰学研究成果满腔热情地给予赞赏和支持。万鹏同志在灰学理论上的成就，不只是对中华民族的重大贡献，更是对全世界、对全人类的独特贡献。万鹏同志已经出版的灰学著作共有12卷1000多万字，这是他奋力攀登世界科学高峰的奇迹。

第二大奇迹，是将灰学理论对事物的认识，亲身实践，并贯穿于他个人与癌症搏斗的整个历程。万鹏同志曾患癌症，1987年确诊时已是肝癌晚期。他被送上了手术台，却又自己从手术台上下来，断然拒绝手术、化疗、放疗等常规临床治疗。他的父母、妹妹都曾患肝癌，都是在做完手术后不久去世的。万鹏同志觉得，既然手术、化疗、放疗对许多癌症患者都没有什么作用，都难免一死，为什么不换个思路？为什么不另寻生路呢？为了增强战胜癌症的身体素质，他坚持锻炼，坚持练习太极拳、太极剑以及气功。他以超越常人的毅力，奋力同时间赛跑，潜心学术研究，大量阅读古今中外文献。此外，他和夫人在退休后游历全世界五大洲56个国家，实地验证灰学理论的生命力。他同时抓紧时间安排后事，持续不断地将研究灰学的成果，整理打印，结集出版。结果，奇迹出现了：几年之后，肝部恶性肿瘤竟然神奇地由大变小，由小变无。从发现晚期肝癌的1987年，到2019年已经32年了，再没有复发。32年前，本来是生命即将终结、抓紧安排后事的时段，居然成为新的生命的开始。万鹏开启了生命的新征程，开启了灰学理论研究的新征程，这又是一个见所未见、闻所未闻的世界奇迹。这是万鹏同志创造性地运用灰学理论使自己起死回生的奇迹。

《周游50国》 孙万鹏著

第三大奇迹，是将灰学理论运用于文学创作。万鹏同志在2003年出版灰学长篇小说《澄江情》（上下卷），在文学界引起热烈反响。中国作家协会高度评价这部小说“是时代的镜子、共和国历史的缩影”。这部长篇小说还被改编为大型电视连续剧，丁荫南任总导演，刘晓庆、程前等著名演员参演，在2009年中华人民共和国成立60周年、改革开放31周年时献映。2008年，万鹏同志的灰学长诗《债》出版，一些著名作家和诗人给予了很高的评价。万鹏同志在文学方面的成就，是他运用灰学理论进行文学创作的奇迹！

万鹏同志本来是学农学植保专业的，多年从事农村工作。他从农学领域到哲学领域，又到文学领域，又进入生命科学领域，在不同领域、不同学科，都创造了非凡的业绩，甚至可以说是奇迹。他把太多的“不可能”变成了“可能”。

是什么力量支撑万鹏同志不断地创造奇迹呢？我看是万鹏同志几十年来在革命队伍里所修炼的那种精神力量。

习近平总书记一再强调："精神的力量是无穷的。"他说："不忘初心，牢记使命，就不要忘记我们是共产党人，我们是革命者，不要丧失了革命精神。"

万鹏同志创造上述三大奇迹谈何容易，需要有多么坚强的毅力，多么奇特的智慧！支撑万鹏同志不断创造奇迹的伟大力量，正是习近平总书记指出的共产党人的伟大革命精神。

我们从孙万鹏同志这位真正的共产党人身上，看到一旦拥有这种革命精神，能飞多么高，能走多么远，能发掘出多么巨大的潜能，能攀登上什么样的科学高峰！

中国共产党人的革命精神，集中到孙万鹏同志身上，就是大彻大悟大智大勇大毅力大品德。拥有万鹏同志这样的精神，必定能创造奇迹！

我期待着万鹏同志不断地创造更加灿烂辉煌的新奇迹！

灰学：一种文化体系的思维科学

郭书田

郭书田：原农业部政策法规司司长（左一）

孙万鹏灰学研讨会暨《孙万鹏灰学文集》（10—12卷）首发式的举行，使1000万字的灰学巨著的问世，变成了现实。这是学术界的一件大事，也是喜事。这是他与夫人吴文上用两年多的时间不辞辛劳逐字逐句校对后，由出版社正式出版的，其辛苦程度不言而喻。这部巨著的问世，是一个奇迹。一方面，孙万鹏与病魔做了极其顽强的斗争，获得成功；另一方面，他全力以赴潜心研究灰学，阅读了古今中外大量文献，做了深入的思考，取得了丰硕的成果，创作了这部具有世界领先水平的巨著。他与夫人还游历全球五大洲56个国家，做了实地考察，验证了灰学理论的生命力。大众对这个理论的创新之处还比较陌生，但我相信，灰学的问世，会产生重大的社会影响。我向孙万鹏夫妇致以崇高的敬意，祝他们健康长寿。

孙万鹏同志经过多年的潜心研究，使我国的灰学研究越过了幼苗生长阶段进入开花结果阶段，成为一棵根深叶茂的参天大树。灰学是哲学，也可以说是思维科学，说到底是文化。水有源、树有根，它的根是中华民族千年不朽的儒家文化与道家文化，再加上引入的佛家文化，形成儒—释—道合成的文化体系。

除此之外，还可以进一步扩展加上希腊文化—罗马文化—基督教文化与伊斯兰教文化，形成各具自身价值观的多元化大文化体系。还有近代马克思的唯物辩证法文化。

多元化大文化体系在促进人类社会文明进步中发挥出巨大能量。

作为思维科学，灰学对这种大文化体系的发展，会有话语权，也能够为这种文化体系互相交融发挥桥梁作用。从空间与时间来说，灰学这种文化既具有没有边界的无限性，又具有有限性，验证了康德的“二律背反”理论。也可以说，“远在天边，近在眼前”“无处不在，无处不有”。中国农村改革中农民的许多创造都是这种思维文化的反映。

孙万鹏同志1000多万字的灰学著作中，用灰学的理论与方法，研究古今中外包括政治、经济、社会、文化、生态、科技、教育、医学等诸多领域中成功与失败的事例，充分证明了这一分析判断，说明了这一分析判断的理论价值与实践价值，已在社会生活中显示出来，特别是“灰度决策”已在实践中产生巨大的作用。联系我们身边的事来说，有了这种科学思维文化，就能少犯或不犯错误，即使犯了错误也容易改正而不致酿成更大的错误。“闻过则喜，改过不惮”“失败是成功之母”不正是反映这种思维文化的经典警句，而流传千年吗？这一文化是看不见、摸不着的精神财富，是实现精神文明的支柱。有了它，我们可以善待自己、善待他人、善待自然、善待社会、善待世界，在处理人与人、人与自然、人与社会关系中有明确的方向与指针。

希望灰学这棵参天大树健康成长，为促进人类社会的进步与世界持久和平以及建立人类命运共同体产生积极作用。

灰学在《通讯》发展史上的贡献

胡兆荣

胡兆荣：农业农村部中国农业科技发展中心主任

刚刚送走浓浓亲情的中秋佳节，即将迎来举国同庆的新中国70周年华诞。今天，我们欢聚一堂，共同参加孙万鹏同志的灰学研讨会暨《孙万鹏灰学文集》（10—12卷）首发式，我感到非常的高兴和无比的欣慰！

我来自农业农村部功能食品开放实验室，现兼任中国管理科学研究院农业经济技术研究所所长一职。我们所从20世纪90年代中期开始，由我的前两任老所长（中共中央党校和原农业部重要领导岗位的担任者）于1995年创办了研究所的内部期刊——《通讯》，并将该刊物直接报送中共中央、国务院多个部委和各省（市）农业厅（农业委员会）以及中国管理科学研究院大多研究所参阅。

孙万鹏同志对我们研究所《通讯》期刊稿源的征集是功不可没的，甚至可以说是居功至伟的。他曾多次在《通讯》上发表文章，据统计，自2007年至2016年，10年时间，共发表文章139篇，近100万字。我所连续两次给孙万鹏同志制作了他的个人“专刊”和“增刊”。这在《通讯》发展史上是没有先例的。在这里，我谨代表农业经济技术研究所的全体同仁和广大读者对孙万鹏同志表示最诚挚的谢意！

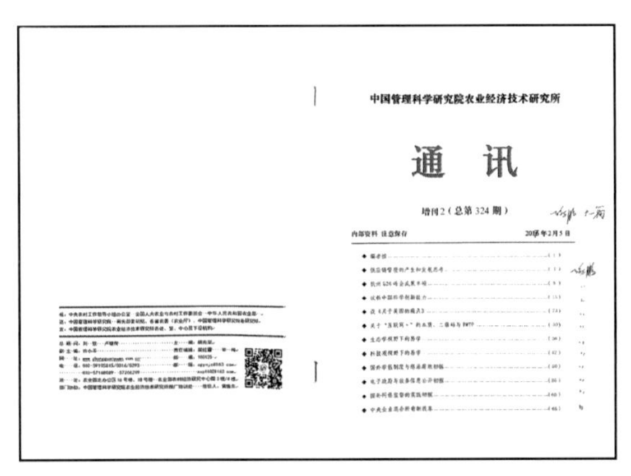
中国管理科学研究院农业经济技术研究所

通 讯

增刊2（总第324期）

内部资料 注意保存

2017年2月5日《通讯》孙万鹏增刊

2015年，我所向主管单位中国管理科学研究院报告了孙万鹏同志对我所做出的巨大贡献。院领导班子和院委会成员对此进行了详细的了解和认真的研究，最后在当年院学术委员会的年会上，授予孙万鹏同志“管理科学终身成就奖”的至高荣誉。这充分体现了孙万鹏同志对我所乃至上级主管单位所做的贡献是有目共睹的。

孙万鹏同志《孙万鹏灰学文集》的正式出版，不仅是学术界的一件大事，也是令国人振奋的喜事。它的问世，开辟了我国灰学研究的先河。在他坚持不懈的努力下，灰学已越过了幼苗生长阶段进入开花结果阶段，它必将成为一棵根深叶茂的参天大树，矗立在世界东方的学术之林。

此前，曾闻孙万鹏同志的夫人吴文上老师在孙万鹏同志进行灰学理论的研究和《孙万鹏灰学文集》的编撰过程中给予了很大的支持和帮助，这真正再现了“天地合，乃敢与君绝”的夫妻情谊。在这里，我想对他们夫妇收获的成果表示最真诚的祝福和热烈的祝贺！

在大力推进实施乡村振兴战略，奋力推动农业全面升级、农村全面进步、农民全面发展的今天，我们结合孙万鹏同志的灰学理论，秉承“功成不必在我”的奉献精神和“功成必定有我”的历史担当，以孙万鹏夫妇持之以恒的工作作风和锲而不舍的工作态度为榜样，学习他们艰苦奋斗、奋发图强的工匠精神，为奋力开创新时代“三农”工作新局面而不懈努力，为实现农业提质增效、农村繁荣稳定、农民增收致富做出更大的贡献。

灰学迎来万紫千红的春天

邹先定

邹先定：浙江大学关工委顾问、求是宣讲团团长、
浙江农业大学原党委副书记

我是一名自然辩证法工作者，长期从事科学哲学和宏观农业的教学研究，今天能应邀参加《孙万鹏灰学文集》(10—12卷)的首发式，我感到荣幸。我和孙万鹏先生不是很熟悉，但几次接触给我留下了深刻的印象。我还清楚地记得第一次见到孙先生是在1991年4月28日，虽已暮春，但仍有寒意，下着小雨。当时根据灰色系统创始人邓聚龙教授的建议，由浙江省灰色系统研究会主持召开第六次全国灰色系统学术研讨会，即全国灰色系统学术研讨会暨《灰学》首发式，地点安排在孙先生的母校——位于华家池的浙江农业大学的科学楼。当时学校委派我出席会议，表示祝贺和支持，我记得在会上还代表浙江农业大学讲了话。《灰学》首发式热烈而隆重，也是在这次会议上，我初次见到了孙万鹏先生。在我的记忆中，当时孙先生大病初愈，身体虚弱，面有倦容，孙夫人不时递上中药，以免漏服。但孙先生在演讲时，却精神焕发，判若两人。演讲铿锵有力，语言精彩，思想

1991年4月，全国灰色系统学术研讨会专家于《灰学》首发式合影

深邃，这就使我对他的渊博的学识，与疾病顽强抗争，能掐住厄运的咽喉，扳转个人命运的乾坤的毅力，以及贤内助吴文上女士无微不至的关爱支持留下了难忘的印象。

嗣后被收录在会议文集《灰色系统新方法》的拙作《灰色系统方法论探讨》[1]中，写下对包括刚问世的灰学的初步认识："作为新兴的边缘学科的灰色系统理论和方法表现出学科'杂交'的优势和旺盛生机，它具有到目前为止还没有表现出衰减的渗透力、辐射力、影响力和繁殖力。"我还特别提到孙万鹏先生的灰学新作："欣闻应用该理论和方法的专著《灰色价值学》《灰色调查学》《表现学》等均已出版……向人们展示的不是一个封闭和完成了的体系，而是一个开放和不断发展的研究纲领。"第二次见到孙万鹏先生是在一个仲夏夜举行的小型研讨会上。我记得后来出版的书中还有一个序言，有很长的一个参加者名单，我的名字也在其中。

光阴荏苒，一晃28年过去了，这次与会前我还在想，今天见到孙万鹏先生不知是怎么个样子。从年龄上讲，他比我年长，80岁左右，耄耋之年了，近30载筚路蓝缕、辛勤耕耘，该是历尽沧桑，艰辛留痕，但刚才见到的孙万鹏先生完全颠覆了我的估判：出乎意料的年轻，充满激情和活力。刚才会议主持人、浙江省政府原副秘书长俞仲达同志讲这是个奇迹，我完全赞同。

1.《灰色系统方法论探讨》发表于《浙江大学学报》(社科版)1993年第4期。

1991年，孙万鹏与时任浙江农业大学党委副书记邹先定（右）在第六次全国灰色系统学术研讨会现场

这真是奇迹，这对共同奋斗、风雨兼程、并肩前行的伉俪也是传奇伉俪。在事隔近30年后，再来看灰学的发展，我谈两点体会：

首先，德国大诗人、思想家歌德有句名言：理论是灰色的，生命之树常青。

孙先生创立的灰学的“灰”是创新的，具有深邃的思想，踩着时代和科技发展的节拍，与新工业革命，与IT、AI、大数据、互联网等新兴技术同台的哲学探索和睿智解读、回应及预测，是灰得很深的那个“灰”，它既有理论的深度，又有思想的高度、实践的力度。这个灰学能解读某些经典理论无法解释的领域和现象，能发现原有经典理论的局限和短板，还能预测经典理论未涉足的领域和现象，表现出萌生于中华大地，完全由中国学者自主创新的理论的旺盛生命力和磅礴力量。孙先生创立的灰学具有哲学的普遍指导性，它深刻地审视、反观人类认知实践漫长探索之得失，不倦地进军、挑战科学探索的盲区和难点，始终把理论探索的光柱投向新时代日新月异的科技发展的舞台。在认识与改造、理论与实践的关系上，体现了古希腊哲学家柏拉图择善与善择的统一。灰学探索的这种顽强性、坚忍性和矢志不渝的目标指向，深刻地体现出孙先生的学术性格和治学风格。它也一以贯之地体现在孙先生的学术成果中，体现在孙先生的言谈举止和接人待物中。当生命与求实、求真、求是结合在一起，当它与崇高的真善美融为一体时，正如歌德之言，“生活的绿树四季常青，郁郁葱葱”，生命之树才会常绿常青，这是我的第一点感想。

再者，坦率地讲，灰学我不太懂。早在20世纪90年代初期，孙先生就写了《灰色价值学》《灰色调查学》《表现学》等著作，当时我觉得有点儿“玄”，不太好理解。但我能感受到他另辟蹊径的敏锐思想和创新方法的理论勇气。如果说，20世纪90年代灰学的早期著作是报春的山花，那么时过近30年的今天，以洋洋洒洒12卷千万余字的著作为代表的灰学，已发展成一片葱郁的森林。思想的闪光投射在科学和哲学尚未开发的处女地。它从学者的书斋走向广袤的实践热土，从中华大地走向世界，赢得海内外学界的赞誉；它挑战经典权威，回归真理，升华认知，指导并接受实践的检验。

《灰色价值学》 孙万鹏著

灰学必将迎来新时代发展万紫千红的春天。

20世纪90年代，我在《灰色系统方法论探讨》一文中对当时的灰色系统理论（也包括刚问世的灰学）曾做过四点概括：第一，理论的开拓性与创新；第二，实践性和实用价值；第三，综合性和影响力；第四，通俗性和推广应用。指出它深深植根于实践土壤中，又博采众长，借鉴各种科学方法之精粹，不拘泥于已有的理论框架，敢于分析、创新，充分体现了现代科技的创新意识和著名科学家钱学森历来倡导的“强调实践，讲究实效，不坐而论道”的求是精神。它广泛汲取中外优秀思想成果和学术营养，应用于自然与社会的众多领域，是自然科学与社会科学一体化的催化剂，生

第7卷第4期　　浙江大学学报　　№4, Vol. 7
1993年12月　　Journal of Zhejiang University　　Dec. 1993

灰色系统方法论探讨

邹先定

【内容提要】在研究信息不完全的灰现象中，灰色系统理论和方法对信息挖掘与开发、“五步建模”教学方法及控制改造灰色系统实践中具有方法上新颖独特的总体特色。本文试从方法论角度对富有辩证哲理的灰色系统理论和方法作一初步探讨。

灰色系统理论是邓聚龙教授1982年在国际学术会议上首先提出来的，后发展为一门横断面宽、渗透力强的新兴边缘学科。有人将它与耗散结构论、协同学、超循环论、系统动力学、生命系统理论、泛系统理论等并列在一起，是现代系统理论中由中国学者创立的一朵引人注目的奇葩。它是控制论的观点和方法伸延到社会、经济的产物，是自动控制科学与运筹学等数学方法相结合的成果。灰色系统理论沟联自然科学与社会科学，使抽象系统实体化、量化、模型化及优化，从而具有预测预报的功能、对各种对象进行分析判断和对宏观系统规划决策的功能。它广泛应用于经济、农业、医药、生态、气象、政法、历史、文化、教育、出版、交通、运输、管理、工业控制等众多领域。初步显示出它旺盛的生机和作为新理论新方法的生命力，同时也给了我们哲学和方法论的启迪。灰色系统方法涉及面广，本文仅从几个侧面作一初步探讨。

邹先定著《灰色系统方法论探讨》，刊于《浙江大学学报》

动体现了当年列宁曾预言过的自然科学奔向社会科学的新潮流。它的生命力，一方面表现在其本身有较高的实际应用价值，另一方面也表现在通俗性上。“寓巴人于白雪中，出阳春于下里之内”，它集阳春白雪、下里巴人于一体，深刻而不玄奥，通俗而不平庸，实用而不浅薄。这是我在28年前的认识。如今，反观近30年来灰学发展的轨迹，不仅充分地体现了上述概括，且有大踏步的前进和升华。孙先生列举了灰学对经典理论的9个质疑和挑战的典例，就充分地说明了这一点。灰学对人们奉为圭臬的经典理论的某些论点提出质疑、挑战，是需要巨大的理论勇气和研究支撑的。一个理论能在这么宽广的研究领域对经典提出质疑和挑战，它的覆盖面之广，辐射力之强，体现出它方兴未艾的学术成长力。它反映了中华民族在伟大复兴的进程中的文化自信和科学研究能力，也反映了理论工作者不忘本来，吸收外来，面向未来，创造性转化、创新性发展的宽阔视野和创新品格。任何有价值的理论都是人类认识真理的阶梯，是真理绝对性和相对性的辩证统一。毛泽东同志曾指出：“人类的历史，就是一个不断地从必然王国向自由王国发展的历史。这个历史永远不会完结……人类总是不断发展的，自然界也总是不断发展的，永远不会停止在一个水平上。因此，人类总得不断地总结经验，有所发现，有所发明，有所创造，有所前进。”[2]我认为灰学是一座深矿、富矿、宝矿，孙万鹏先生开创的灰学已经历经近30年艰辛探索和砥砺前行，已经形成为名副其实的中国学派。我认为故事才刚刚开始，更壮丽更辉煌的业绩和成就，还在未来的创新发展中。

参加今天的会议，对于我来讲，是一次学习的机会，它是全息的、全方位的，孙先生做人做事做学问，都值得学习。捧回三大卷厚重的《孙万鹏灰学文集》(10—12卷)，好好地学习研究，从中汲取知识得到方法论启示。仰观宇宙之大，俯察品类之盛，我们站在民族复兴广阔的地平线上，为中国学者、中国学派的中国贡献和所体现的中国价值鼓与呼！

2. 逄先知，金冲及，中共中央文献研究室.毛泽东传(1949—1976)：下[M].北京：中央文献出版社，2004：1364.

让灰学理论发扬光大

方　向

方 向：中国水稻研究所党委副书记

我受我们所领导班子的委托，今天下午特意来参加孙万鹏书记的会议。孙书记是我们所的老书记，我很早就向所党委要求，要参加孙书记的灰学研讨会暨《孙万鹏灰学文集》（10—12卷）首发式。

我想表达三层意思：

第一，让我代表中国水稻研究所对我们老书记的灰学暨《孙万鹏灰学文集》（10—12卷）首发式的成功举行表示祝贺！孙书记是我们所的一位老领导，他在我们所任书记的时间虽然不是很长，但是给我留下了比较深刻的印象。曾经有一次，大约是1996年或1997年年底，我申请副高职称的时候，孙书记就是评委。1996年到1997年，我正好在贵州省做科技扶贫工作，任科技副县长，孙书记问我一个问题："'科学技术是第一生产力'，你是怎么看的？"当时我做了回答，也不知道孙书记是否满意。我说我因为到政府挂职，有一个体会，就是科学技术是第一生产力，离不开

2019年《孙万鹏灰学文集》首发式现场一角

政府的努力推行。所以，我觉得孙书记的这次会议也事关“第一生产力”的重要问题。

第二，这次首发式的举行也是我们中国水稻所的光荣。这是我们水稻所感到非常自豪的一件事情。

第三，孙书记生病以及退出领导岗位以后，仍孜孜不倦地创建了一门新的学科，这个是值得我们每一位同志学习的，他也可以说是我们每一个人的榜样。刚才我在来的路上也一直在想，我想我刚才碰到我们所的老领导、老同事，再过两年我也进入你们这个退休行列了。而孙书记实际上就是我们这个退休行列的榜样。

以上是我想表达的三层意思，谢谢大家。

附：

中国水稻研究所党委副书记方向主持2020年水稻所“五一”表彰会。中国工程院院士胡培松所长做总结讲话，中国科学院院士、中国水稻研究所副所长钱前参加并接见了与会代表。

胡培松所长希望“大家继续努力，为把我所率先建成世界一流研究所做出更大贡献”。

2019年3月，国际著名的《自然·生物技术》(*Nature Biotechnology*)杂志以封面文章，正式发表了中国水稻所基因资源研究人员王克剑团队的研究论文：*Clonal seeds from hybrid rice by simultaneous genome*

《自然 · 生物技术》第37卷 第3期

engineering of meiosis and fertilization genes，该研究利用基因编辑技术在杂交水稻中同时敲除了4个水稻生殖相关基因，建立了水稻无融合生殖体系，得到了杂交稻的克隆种子，实现了杂交稻基因型的固定。

杂种优势是指杂交后代在生活力、抗逆性、适应性和产量方面，优于双亲的现象。杂交优势广泛存在于动植物当中，对推动农业生产和保障粮食安全做出了重要贡献。但是由于遗传分离，杂交种子后代会发生性状分离，无法保持其杂种优势，因此育种家必须每年花费大量的人力、物力、财力进行制种工作[1]；同时由于杂交种不能留种，农民每年必须购买新的种子。这无疑是“既花工，又花钱，极费心力的烦事”。

无融合生殖是一种通过种子进行无性繁殖的生殖方式，可以使得杂交后代不发生性状分离，从而实现杂种优势的固定。1987年，袁隆平提出了杂交稻的育种可以分为三系法、二系法和一系法三个战略阶段，朝着程序上由繁到简而效率越来越高的方向发展。这是一种外延明确而内涵不明确的灰学理论概念。其中的“一系法”即为中国水稻所王克剑研究团队所说的通过建立水稻无融合生殖体系，从而固定杂种优势的育种方法，是杂交育种的最高目标。

由于无融合生殖对于农业生产“功疑唯重”的极端重要性，以及“实逼此处”的挑战性，培育无融合生殖作物，“固定杂种优势”，长期被誉为农业研

1. 中国水稻研究所重点实验室，科技创新进展：建立水稻无融合生殖体系［EB/OL］.（2019-01-07）［2020-05-20］. http://cnrri.caas.cn/bsdt/170338.htm.

究领域的“圣杯”难题。在笔者看来，它远超“难于上青天的蜀道之难”。

中国水稻研究所的王克剑及其研究团队，长期以来“其心孔艰”，着力于这一“意义重大、难度极高”研究领域，在经历多次失败和反复总结之后，终于实现了杂交水稻的“探赜索隐，钩深致远”的成果，实现了杂交水稻无融合生殖从0到1的原创性突破，首次获得了杂交水稻的克隆种子。《自然·生物技术》杂志评论认为“这项种子克隆技术将显著降低作物的生产成本，保障粮食安全”。袁隆平点评“这个工作证明了杂交稻进行无融合生产的可行性，是无融合生殖研究领域的重大突破”。中央电视台、新华社、《人民日报》等中央媒体对本工作进行了广泛的报道。

农业农村部有关领导认为，这是中国水稻研究所给我国广大稻区农民兄弟送去的省工、省时、省钱的实实惠惠的好礼品。

——摘自通讯员陈鎏琰2020年5月20日在中国水稻所官网上的报道

东方哲学思想的一座学术丰碑

顾益康

顾益康：浙江省农业农村工作办公室原副主任、
浙江省人民政府咨询委员会委员

孙万鹏灰学研讨会暨《孙万鹏灰学文集》（10—12卷）首发式的举行，让1000万字的灰学巨著得以横空出世，这是我国哲学思想和理论学术界的一件大事和喜事。孙万鹏先生是我特别敬重的领导和学者，也是在我人生履历中有重要位置的良师益友。在浙江省农业厅厅长和黄岩县委书记的行政领导岗位上，他是一名勤政好学、亲民为民、开拓创新、廉洁自律的好领导；在后来的理论学术研究上，他是一位十分勤奋优秀、富有激情和创新思维的专家学者；作为一个文化人，他又是一位优秀作品众多的勤奋而有才华的作家和灰学诗人。他的每一种身份都是值得我学习的榜样。

孙万鹏同志所创立的灰学理论是东方哲学思想领域中一颗耀眼的明珠，这1000万字的灰学巨著可以说是我国理论学术研究中的一座高耸的丰碑。孙万鹏同志充满着传奇色彩的精彩人生堪称“为人师表”。

我粗浅地学习了孙厅长的灰学理论和在灰学理论基础上创立的《第3种

科学》，认为这是一个了不起的、开创性的、具有世界意义的学术成就。初读起来是深不可测的哲学理论，但仔细研读下去，我感悟到以《复杂灰色巨系统论》为代表的灰学理论既是一种贯穿马克思历史唯物主义和辩证法基本原理的具有东方哲学色彩的哲学新思想，也是一种观察研究世界的新的理论方法和思维工具。它是运用哲学的思想、辩证的思维、科学的逻辑、文学的语言、数学的方法构建的新理论体系，可以广泛应用于政治、经济、社会、文化、科技、生态等多个领域。特别是在解读马克思主义的中国化和走中国特色社会主义发展道路及中国改革开放的新理念、新政策方面具有很强的说服力和穿透力，能从哲学思想和理论思维层面佐证中国既不走苏联式计划经济老路，也不走纯粹的资本主义道路，而是走中国特色社会主义道路和建立社会主义市场经济新体制是正确的选择。我认为邓小平的“摸着石头过河论”就是典型的“灰思维”。列宁在《论策略书》一文中写道：“现在必须弄清一个不容置辩的真理，就是马克思主义者必须考虑生动的实际生活，必须考虑确切的现实，而不应该抱住昨天的理论不放。理论是灰色的，而生活之树是常青的。”

我也尝试以灰学理论方法应用于思考研究中国的“三农”问题，发现也是非常管用的。如我国在计划经济年代建立的城乡分割的二元经济社会结构，将农村与城市两个本来就相互联系相互依存的经济社会体截然分割开来，这么做既阻碍了农村和农民的发展，城市的发展最终也受到影响，可以说是两败俱伤。以复杂的灰系统理论来分析，这种失败也是必然的。改革开放以来，我国采取渐进式改革，统筹城乡发展，建立新的城乡互促共

《第3种科学》孙万鹏著

《复杂灰色巨系统论》孙万鹏著

《生命之树常青：灰学创始人孙万鹏传奇》冯翔著

进的体制机制，逐步迈向了城乡融合发展的新阶段。在城乡关系中城为阳、乡为阴是黑白两极关系，城乡融合的“灰发展”创造出了一种城乡双向开放互动的全新城乡关系，为乡村振兴创造了非常有利的发展环境。我的体会是应用灰学思想和方法在研究新时期“三农”改革与发展，在各个领域都是非常适用的，我将坚持不懈地去实验。

孙万鹏卓越的灰学理论学术研究成果和其特别优秀的精神品格得到了广泛的认同和赞誉。钱学森称赞“灰学是一门大有前途的理论”，时任中央党校副校长、中国社科院院长的王伟光称赞孙万鹏同志“顽强战病魔、潜心搞研究，身体力行，是精神文明建设的模范和典范，值得我们大家学习”。我们从孙万鹏同志身上看到了一个人一旦拥有伟大精神，能发掘出多么巨大的潜能，一个人、一个家庭、一个民族、一个国家只要有一种强大的精神力量的支撑，就一定能自信、自立，一定能自救、自强，就必定能创造奇迹。

最后祝贺这次活动圆满成功，祝孙万鹏老厅长夫妇身体健康、生活幸福。

水“澄”与官“清”

邬烈恩

邬烈恩：黄岩区政协原副主席、城关镇党委书记、黄岩区委统战部部长

水“澄”与官“清”本分属自然与人文两个不同的概念，但因“澄”与“清”既有同族之新，又有同义之处，更有美之共性，故这两者有时也会有意无意融合在一起。

我在回顾《澄江哪里去了》（发表在2004年2月13日《台州日报·周末特刊》）一文时，就想到了连缘于水、系情于民的两个人与事。

一个是南宋右丞相杜范。杜范与澄江联姻是故土乡亲牵的红线。明代《万历黄岩县志》卷一：“永宁江，旧传宋杜清献公生时（南宋淳熙九年），澄清三日，因名澄江。”他又受澄江水反哺而植根于民。杜范仕宦32年，当了100多天丞相，身居破房，却家贫乐道；朝廷俸禄，大多救济贫苦百姓；五亩薄田相伴始终，可以说几近赤贫。他整肃朝纲，勇斗佞臣，以天下兴亡为己任；他刚正不阿，淡泊名利，曾弃官东归。

《续资治通鉴·宋记》载：“范清修苦节，室庐仅蔽风雨。身若不胜衣，

2021年1月12日，摄于黄岩澄江

至临大节，则贲、育不能夺。”后因殚精竭虑，死在相位。淳祐五年（1245），杜范逝世后，朝廷在东门外举行送灵仪式，相星陨落，灵车所过，百姓聚祭巷哭。在南宋晚期这样腐败和黑暗的环境中，他能保持清廉如水的情操和一身正气的品格，难怪宋理宗以“清献”封谥，也不愧为后人称道的“清官”。

无独有偶，时隔700多年之后的1986年，黄岩来了一位又缘结澄江的共产党员孙万鹏（省农业厅厅长兼中共黄岩县委书记）。他受命于转折时期，在黄岩任职不到两年时间，本着“百宝排行榜，民心为首题”的信念，呕心沥血，凝聚社会各方力量。为发展民营经济，他主持制定了全国第一个股份合作经济政策性文件；为扩大开放，他大胆创办了全国第一家县级民航站；为倡导尊师重教，他提议开设了全国第一个教师接待日[1]。他淡待“专利”，不坐“一号专用车”，赴省城开会与百姓同坐公交车；不走“专用餐道”，在食堂与群众一起排队就餐。黄岩开始向全国百强县、全省十强县迈进，但他却病倒了，患了肝癌，被“扣”在杭州治疗。从此，在通往杭城300多千米的道路上，一股维系着党和群众、“官”与百姓之间难以割舍的情谊始终在涌动着。

1．股份合作制文件全名为《中共黄岩县委〔1986〕69号红头文件》；1986年10月23日至1987年，孙万鹏在任黄岩县委书记期间，设每月10日为教师接待日；1987年10月24日，浙江省黄岩县人民政府组浙江航空公司黄岩站。

当时，我受组织的委托给孙万鹏同志送去了一盏装有一个白色球形塑料灯罩的台灯（当时市价10多元），只是想能照亮他心中一丝生的希望。时隔16年之后的2003年12月16日，路过杭州在他家做客时，我突然看到这盏不起眼的台灯仍被显眼地放在书桌上，忠实地履行发光的职责，尽管下部的塑料托柄因老化贴上了橡皮膏，但灯座上用红漆写的“孙书记，我们想念你”，落款“城关镇委、镇政府”的小楷仍清晰可见。猛回头看到孙万鹏同志那充满亲情、自信、坚定的眼神，我的眼睛湿润了。是什么力量支撑着他能战胜肝癌？是什么精神使他能在与恶魔斗争中挥笔疾书，写下了1000万字的灰学著作，孕育了理论界的一个新生命？现在明白了——一盏平常不过的台灯，一部他（与冯翔合作）发表的长达60万字的灰学文学作品《澄江情》是最好的诠释。这是他对一方人杰地灵的热土“倦在黄岩好回味，耽到世界末日不思归”的深厚恋情。难怪作为一位黄岩过客的他会将黄岩定格为灰学理论的故乡，也难怪黄岩百姓会将孙万鹏同志视为亲民、清正的好书记。

两个历史时期的两位“布衣”官，尽管时隔700多年，又一个生在本土，一个来自他乡，但一条澄江把他们连接。澄江，它不仅连接了人与自然和谐相处的难解情结，还连接了为官者清正廉洁所立的丰碑。

不尽澄江东流水，古今评说百姓口。我想这些情结，这些口碑，如同不息的澄江水，一定会世代流传下去。

灰学：源于实践的认知和思路

程家安

程家安：浙江大学原副校长、博士生导师

人类认知能力的进化和思维交流能力的强化，有力地推动了科技和经济的进步，从而带动了整个社会组织和功能的演变。人类社会已经从原有简单而松散的框架结构，发展成为一个多成分紧密联系又相互交错互动的复杂系统，传统的点与点之间的简单线性管理已经无法适应现代社会发展的需求，从而向系统的有效运行和管理思想及模式提出了新的要求。孙万鹏先生多年从事农村和农业工作，尤其是在改革开放期间担任部门和地方领导，积累了大量亲自处理新时期各种社会矛盾中的经验和体会。在进一步结合和总结前人思想积累的基础上，构思并提出了“灰色系统”的概念和灰学理论，为改善和提高人们的认知和管理理念提供了基础理论和实践经验，也为进一步完善各层次管理框架结构，加速我国改革开放步伐提供了一些思路。同时，孙万鹏先生应用“灰色系统”理念来科学处理自己身体和工作关系的实际行动也为我们每个人如何处身和处事做出了榜样。

对二元对立思维的反思

刘孝英

刘孝英（中）：浙江大学副教授

我以万分激动的心情受邀参加孙万鹏同志的灰学研讨会暨《孙万鹏灰学文集》（10—12卷）首发式。这在学术理论界是一件大喜事，在国内外引起了巨大的反响，其在学术价值上的贡献无可限量。当下国际局势所以纷乱不安，从根本上说就是思维上出了问题：非此即彼、非黑即白的二元对立思维在控制着人们。这是一切痛苦和问题的源头。虽然道教、佛教、儒家是中国文化的根本，但要在国际上从哲学思维上形成统一谈何容易。而要科学地推出灰学，其艰难的过程和所需的毅力是一般人难以想象的。今天我能参加如此有意义的盛会非常兴奋！希望灰学思维能落脚生根，发扬光大。

我虽对灰学理解浅薄，但我知道灰学的理论价值具有历史性的深远价值；更令我感动的是这300万字著作是孙万鹏夫妇两人同心合力的精神结晶，也是爱的结晶。

第二部分

思想：科艺人文

社会制度中的“灰熵学”

廉绵第

廉绵第：美国模拟器件公司销售经理、技术顾问，
北京安立文高新技术有限公司总经理

我今年已经82岁了，本来因身体原因，不准备参加孙万鹏先生灰学研讨会，后来看了会议安排，还是决定来学习。我是《灰熵论》的忠实读者，按现在的话来说我是孙万鹏先生的粉丝。我结识灰熵学，与中管院经济研究所一本叫《通讯》的杂志有关。孙万鹏先生的灰熵学文章经常刊登在上面。我有个邻居是省社科院的经济学家，他有这本杂志，我看到以后非常非常感兴趣，因为“两极论”解释不了的一些社会问题，用灰熵学就可以解决。以下，我谈一些学习灰熵学的个人体会：

灰熵论是孙万鹏灰学的重要内容，是孙万鹏先生总结出来的。我读了以后认为这是一种划时代的理论。

为什么说它是划时代的理论呢？我原来不是学社会科学的，是学理工的。之所以谈到文化，是因为我1986年“下海”，供职于美国模拟器件公司，随后进入北京科技园区。在创立公司的过程中，看到很多介绍，其中有一句话：“只有用世界文化知识武装起来的人，才能成为成功者。”我也想成为一个成功者，于是平时也看文化发展方面的书籍资料，把它们整理、总结，写了一本书，叫作《浅谈文化发展》。

《灰熵论》 孙万鹏著

《浅谈文化发展》 廉绵第著

在总结中，我发现孙万鹏先生的灰学理论有划时代的意义。17世纪，英国有一位反封建的哲学家叫洛克，他有一句名言：“权利不能私有，财产不能公有，否则，人类将进入灾难之门。”之后，世界上产生了英国、美国、法国等资本主义国家（在中国，人们称之为“发达国家”）。马克思理论出现后，在其指导下，列宁创立了第一个社会主义国家，后来联合15个加盟共和国成立苏维埃社会主义共和国联盟，简称“苏联”。苏联把落后的俄国发展为世界上第二个超级大国。在马列主义的指导下，中国出现了毛泽东思想，把落后的旧中国变成了强大的新中国。二次世界大战以后，世界上出现了十几个社会主义国家，这说明，马克思主义理论推动了人类社会的发展，是划时代的理论。在中国，邓小平根据国内外的实际情况进行了改革，才让其在中国进一步发展。根据灰熵学的解释，这就是因为在我国实行了具有中国特色的社会主义制度。

这种特色是什么样的？在看孙万鹏先生的灰熵学理论时，我发现这个理论强调了我国培育中产阶级、实现共同富裕的重要性。这显然既与发展纯资本主义社会不同，又与“斯大林式的、教条式的纯社会主义社会”不同。目前中国的社会叫有中国特色的社会主义社会，世界上还有一种特色资本主义社会。我认为灰熵学是一个划时代的理论，是因为它能否定纯资本主义，也能否定斯大林式社会主义，出现一种特色社会主义指导社会主义社会的改革。就如钱学森给孙万鹏写信指出的：灰学是一门新兴学科，是一门大有前途的理论。

从实践上来看，为什么这种被称为“第3种科学”的理论会受到钱学森的青睐？因为私有制解决了人性问题，只要是有人的地方，就有人性问题存在。人性是什么？人要吃饭，人要穿衣，还要享受。但人还有大公无私的一面，于是就有了公有制。公有制有它的好处——平等自由；公有制能办大事，能抵抗自然灾害。就是说，公有制能限制两极分化、贫富差别。但是，个体所有制也有调动个人积极性的一面，要兼收两种所有制的好处，我们就需要进行“实事求是”的改革，不改革不行。正如习近平总书记在《求是》杂志发表的重要文章（2019年12月1日出版的第23期《求是》）中指出的：“中国特色社会主义国家制度和法律制度是在长期实践探索中形成的，是人类制度文明史上的伟大创造。实践证明，我们党把马克思主义基本原理同中国具体实际结合起来，在古老的东方大国建立起保证亿万人民当家作主的新型国家制度，使中国特色社会主义制度成为具有显著优越性和强大生命力的制度，保障我国创造出经济快速发展、社会长期稳定的奇迹，也为发展中国家走向现代化提供了全新选择，为人类探索建设更好社会制度贡献了中国智慧和中国方案。”

对话：设计策展中的灰度决策

孙诺亚

2019年，孙诺亚在德国斯图加特

自系统论、控制论和信息论提出以来，科学界将信息确定称为“白色”，不确定称为“黑色”，部分确定与部分不确定称为“灰色”，并认为人类对自然社会的整个认识过程正是由信息的确定部分和不确定部分共同构筑的，即灰学所主张的“世界是灰色的”。“灰度决策”更常见的表述是“灰色决策”，包括灰色关联决策、灰色聚类决策等，是20世纪80年代后期开始逐步发展起来的一类解决不确定性决策问题的分析方法，属于现代决策科学的重要组成部分。它常与概率统计、模糊数学等方法组合使用，学术脉络可追溯至1982年邓聚龙提出的灰色系统理论[1]。在孙万鹏看来，虽然依据其涵盖决策过程的原则、算法、程序及其理论，灰度决策本质是一种信息处理的过程，可广义通俗地理解为：为了较好地解决日常工作、生活中遇到的问题，人经过思考、推断和选择，做出的决定、采用的策略和方

1. 罗党．灰色决策问题的分析方法研究[D].南京航空航天大学,2004.

法[2]。因为其中客观（信息的不完全）和主观（人思维的模糊性）两方面都存在不确定因素，“白”只是相对的，灰色决策是做出情境中相对最优的决策。

这种决策反对非黑即白极端思维且非线性的决策方式，根植于中国传统文化，如哈佛商学院教授小约瑟夫·巴达拉克在《灰度决策》一书中阐释用人文主义深刻而全面地思考问题时直接提到墨子思想的影响[3]。现实中多应用于金融、工程等相对复杂或国家层面的、规模较大的系统。在管理学领域，华为创始人任正非因系列企业内部讲话而为国人所知的“灰度管理”思想[4]，即体现了灰度决策强调的“关注结果，关注义务，关注人性”，同时保证推进过程的灵活性[5]。

在设计领域，除了有形产品、无形的服务和体验，还有大量的利益相关者，近年来设计领域学科之间的边界不断被打破，工业设计也不例外。当设计本身的定义不断迭代，如“中国设计智造大奖”于2019年将之定义为：“旨向‘民生·产业·未来’，以人为本，以想象力建构新方式，以生活、生产、生态融合为关键，强调人机互动深度学习，促进文化创新与科技创新共生，以实现社会与经济多维成功，是一种以顶层设计策略整合人类社会网络，引领生产、物流、销售、服务全链的设计协同活动。”设计作为复杂灰色系统课题的灰度更加凸显，展览是推广美育、传播思想的代表性形式，策展人或组织者在策划中做出灰度决策日益重要。

以本人在2018年提案并全程参与执行的“设计在场——当代设计策展的灰度决策沙龙”（以下简称：“设计在场沙龙”）[6]为例，浅谈设计可能面临的灰度决策：工业设计是制造业的起点，其展览作为该领域不同维度成果的集中展现，若以传记书写比喻策展的挑战，前传是与经济水平、科技实力与产业生态紧密交织的在地性命题，亟待找出借力当下经济实现产业转型升级的路径；正传需要在设计的前瞻性与可读性、人财物的投入与产出、

2. 孙万鹏．关于灰度决策与熵预测[G]// 孙万鹏．孙万鹏灰学文集（XI卷论文集）．北京：民主与建设出版社，2019:469-476.

3. 小约瑟夫·巴达拉克．灰度决策[M]．唐伟，张鑫，译．北京：机械工业出版社，2018：20-21.

4. 吴文上．任正非·灰度管理[G]// 孙万鹏．孙万鹏灰学文集（XII卷评议集）．北京：民主与建设出版社，2019:132-134.

5. 参考孙万鹏《再谈灰度决策》一文（成文于2019年3月14日，全文未出版）对某生物基因公司总裁决策所做的评析。

6.2018年7月26日，由DIA组委会主办，浙江省文化会堂（浙江展览馆）和浙江省美术家协会工业设计艺委会联合主办的“设计在场——当代设计策展的灰度决策沙龙”在浙江展览馆展厅内举行，同期“艺术与生活——第二届优秀艺术设计作品展暨2019DIA作品展”在同一场地举办。沙龙由时任中国美术学院设计艺术学院副院长毕学锋主持，浙江省美术家协会秘书长骆献跃，中国设计智造大奖组委会主席宋建明，中国美术学院工业设计研究院院长王昀，中国美术家协会工业设计艺委会副主任赵阳，浙江省文联浙江展览馆馆长林应辉，浙江省工业设计学会秘书长方强，浙江工商大学艺术设计学院院长高颖，时任《文化产业月刊》编辑部主任黄之宏，DIA组委会办公室副主任谷丛等嘉宾参与讨论。

学术脉络性与媒体话题性之间找到平衡，从展览本身形式演绎、展品组织等角度回应设计教育危机与制造业典范重建的命题，同时提供概念落地转化的契机；后传应该保有“灰序”的灵活性，为未来的工业设计展览提出新的问题，催生新的动力，甚至是对新境遇中展览这种衔接专业与大众的媒介形式本身进行审视。那么，设计策展究竟该如何回应个体创作思想的缺席？如何在传承学院精神与践行商业战略之中，在相对稳态的范式与非稳态的趋势之间做出灰度决策。

“设计在场——当代设计策展的灰度决策沙龙”现场

“灰度决策沙龙”海报

本人结合两年中参与的其他设计策划实践，理解设计策划中的三点考量：主题源自问题意识的延续，定位根植于价值与现实的再思考，意义在于回到政治与经济中看艺术。以下以第三方视角编辑呈现“设计在场沙龙”的部分观点，为读者理解设计策划灰度决策提供参考。

一、主题：源自对问题意识的延续

以下内容引自毕学锋：设计——走向跨界多元共生

在各种信息交融的当下社会环境中，类别不一的造物设计创新方式应该何去何从？这是2018年4月在梦栖小镇举办的DIA佳作十选展——设计造物“七度共生”的问题意识，当时脑中的答案是“走向共生”：不仅是核心的共生、边界的共生，还是定位的共生。共生是多元的，造物也是多元的。共生可以是实验的，造物也可以是实验的。而造物的多元共生是不断增值的，由此联想到此次沙龙的主题：工业设计本身就是在信息论、控制论所说的信息确定部分为“白”，不确定部分为“黑”之间层次非常丰富的灰度命题。除了可见的设计产品之外，更多不可见的软性因素其实是处于灰色区域，是它们在支撑着整个系统。

毕学锋：现中国美术学院设计艺术学院院长，时任中国美术学院设计艺术学院副院长

二、定位：根植于价值与现实的再思考

以下内容引自王昀：奖项——设计的内在属性是社会性

在信息化时代，在人工智能的挑战下，我们要思考的不是如何把边界划清楚，而是如何面对挑战，正确看待当代乃至未来设计规则、设计认知正在发生的巨大变化，找到自己的定位。

今天中国的工业设计不能仅仅强调其产业性，在现代智能智造的大系统里，设计很难在整个产业发展中扮演核心角色，因此，国家越重视，我们越要自省……同时，我们要清晰知道设计的内在属性是社会性，设计是一门人为事物的学科，设计产业离不开广大具有设计消费意识的社会大众，而这种设计消费观是以整个国民美学素养的提升为前提的。红点奖和iF奖在德国深耕了几十年，德国作为现代设计开端的包豪斯所在地，早已完成了基本的设计教化，而中国还没有，这大概也是DIA的展览与红点奖和iF奖以不同表现方式的根本原因。

就展览定位和展品组织而言，传统意义上的美术作品展览和设计展览不同：美展

中的每一张画既是一件作品，也是一件待市场评价的特殊商品，画家的身价往往会随着展览的成功举办不断上升，但设计展览中的作品并不具备此类个体化成长的性质，还肩负着更大意义上的社会公共教育责任。2019年5月份，在中国美术学院美术馆举行的DIA佳作展上引入了在场的设计对接会，让产品与网易严选等8个渠道对话，而非通常的设计与制造对接，因为设计师很难像画家一样通过展览直接实现其自身价值维度的提升。就展览形式而言，iF非常朴实，更多的是偏向实用主义，没有以艺术化的方式去呈现，似乎缺少在设计价值与传播方面的思考。

回到价值本身来思考，就像沙龙的主题“灰度决策”——“决策”就是要把事情定下来。可是我们要定什么，又该如何定?

工业设计已作为国家战略，在高度上已充分彰显其重要性，但在社会大众中的影响力还远远不够。在此背景下，DIA的最高评价标准是并行的两个“力”：社会影响力和行业示范力。我们要充分强调设计的社会性以及普世教化的作用。正如习近平总书记在十八届中央政治局常委同中外记者见面时讲：“人民对美好生活的向往，就是我们的奋斗目标。”设计要讲真善美，其中“真”是基础，“善”是导向，而“美”是境界。

在杭州城市的中心，在人来人往、熙熙攘攘之地，在这充满人文气质的浙江展览馆举办大奖展览以及设计沙龙，我想这就代表着一种具有丰富内涵的设计灰度决策。

王昀：中国设计智造大奖秘书长、中国美术学工业设计研究院院长

三、意义：回到政治与经济角度看艺术

以下内容引自林应辉：展览——挖掘艺术与商品的双重属性

关于展览的定位与落地的非唯一性：第一，有别于美术馆的定位。从政治角度来讲，做展览的意义是要把DIA转化成生产力，从作品到展品，再到商品，从展览馆的陈列架再到商场里的货物架，这意味着与美术馆的不同定位。第二，多样化的落地形式。以正在展览的停车装置为例，直接在展览馆停车场上使用以突出互动性，将是一种很好的展览形式，展示不一定非要在展台。以展览馆作为互动平台，展示已经转化的生产力，设计者乐见其成，产品制造商也乐见其成。因此，在策展的时候我们应该更加深入，既体现设计家的艺术属性，同时挖掘其商品属性的价值。

林应辉：浙江省文联浙江展览馆总支书记

时隔两年，疫情防控的常态化，展览与沙龙（或小型论坛）纯线上化一度作为新常态，当分布式协作成为日常，策展或者小型论坛的组织本身如何避免成为网络泛多元信息的策源活动？当数据实时化和投放精准性带来内容需求匹配和及时接收性等“更人性化和个性化”的体验，展览或小型研讨内容激发大众成为内容批判者和再生产者的责任在哪里？

以上或许是设计策划值得继续探索的方向。

在广阔的灰色中理解灰学

徐宏元

徐宏元：室内与建筑设计高级设计师

今天我想从美学与设计的角度，谈谈对灰学的个人感想。

首先，是与灰学的结缘。

我是一名从事了39年艺术设计、室内与建筑设计的设计师，也是一名美术工作者。很有幸在孙万鹏先生的灰学研究开篇中，受邀为他的几部著作创作了插图。

那个时候应该是1989年，到现在正好30年。

现在，我们与会代表可以谈笑风生地讨论灰学理论，而且有很畅快的感觉。而当年，因为我们都知道孙万鹏先生已经身患绝症，所以，其实心情是很沉重的。尤其是灰学理论也刚刚萌芽，所以我是怀着虔诚的心全心全意去完成这个插图任务的。很高兴用如此浪漫主义的艺术语言来诠释一部部学术厚重的哲学著作。

孙万鹏先生亲自来我家关心我的插图创作。他知道我当时刚刚进入社

徐宏元在孙万鹏《表现学》中绘制的插图

会，一切要从零开始。看到我们夫妻俩居住的集体宿舍大约只有7平方米，他鼓励我们要向前看、向更远看，即使身怀绝技也还要不断在社会大熔炉里磨炼自己。

我的老师寿崇德先生是徐悲鸿先生的学生，是中国第一位特级美术教师，也是一位大画家，前几年去世了。他对孙万鹏先生的著作有很高的评价。他如果在世的话一定也会很高兴看到今天这样的盛会。

我当时还很年轻，虽然技艺跟我的老师没法比，但老师来看我时，翻阅了灰学著作，也审视了我的插图。他说最难能可贵的是即使我身处逆境也能从我的作品中看出一股积极向上的生气。

其次，是关于“灰色”的概念。

作为一种哲学理论，孙万鹏先生的灰学，却用颜色来命名，这一点我认为是非常重要、很有意义的。

灰学、灰色价值学

灰色，从美学的角度来说正是一个有着极其丰富的层次和多重交叉维度的色彩。

就颜色而言，灰色也称复色，我们可以从里面再区分出极其丰富的色彩，灰色再可以分为3600个颜色，所以它其实是一个范畴极大、包容性极强的色彩。现在随着天文学的发展和后工业时代的到来，以及现代科技的发展，光谱不断地发展，甚至是倍数地提升，可以捕捉到的灰色的数量仍在不断扩大。

另一方面，全球每个国家都在努力地推出自己的独特色彩。中国有56个民族，也都有自己的民族个性文化，有着自己的强烈色调。因此，灰色在全球范围内是比较可以模糊界限的一种认识，也是可以更具大同性的研究角度。

而“灰色”概念的社会学延伸，体现在它这种颜色色调，也就是说如果我们把全球现有的195个主权国家，与我们每一个人的心情或者个性用色彩来表达，再进行融合发展，也就是195的N次方的积数，再乘以所有不同的民族色，这将会是一个非常可观的数字。可以说是很难用一种简单的色彩来形容，因此，“灰色”才是比较好的一种定义。 因为它可以涉及各行各业、方方面面。

时间关系，我现在只能从美学的角度来谈这“灰色”的启发。随着“灰色”在艺术中的应用越来越广泛和越来越被重视，灰度决策在设计过程中的体现也越来越丰富。

灰学的当代社会性意义

灰学是社会科学，它是非常有高度的哲学思想。把各种“灰色”调和起来，和不同的社会现象结合起来，就不难看出灰学的社会价值。

我们已经知道，“灰色”越多，立体感越强。打个比方，就像照片一样，画面显示灰度层次越多，画面的清晰程度就越高。

那么，我们把每一个民族对应灰色来进行综合，让世界各国将它们的特色展示出来，用“灰色”的理念融合在一起。这种融合体现在我们的一带一路、贸易往来、国际贸易谈判等各个方面，而它们融洽的主要潜在原因是“灰色体系”在里面占了极其重要的位置。因为，如果我们不拿出自己国家的包容性色彩，其他国家就会把国门关上。

因此，我们这42年改革开放实践的成功是灰学研究的重要对象和基础，也为灰学进一步发展奠定了基础。谢谢大家。

红头文件[1]

唐明华

唐明华：中国作家协会会员、中国电视艺术家协会会员

一份编号为中共黄岩县委〔1986〕69号的红头文件，静静地躺在黄岩县档案局的橱柜里。薄薄的六页纸，颜色已经有些发黄，看上去同当时县委、县政府的其他文件没有什么两样。

然而，它所迸发的政治能量让整个时代为之一振。作为中国共产党历史上第一个地方党委、政府关于保护和规范股份合作制的政策性文件，它的横空出世为一个僵化又充满困惑的世界注入了令人心跳加速和血脉偾张的生命因子，1986年也因此成为一个具有标志意义的年份。这是一个具有无限张力的生命寓言——时至今日，那六页普通的道林纸依然透着时代的情感，也透着历史的体温。在这个由时间作为叙述者的故事里，人们不仅看到了昨天的守望者曾经旷立山头独自妖娆，也看到了今天的股份制儿孙

1. 本文节选自唐明华．大风歌·中国民营经济四十年：1978—2018［M］．济南：山东人民出版社，2018：211-224．

全国第一个保护和规范股份合作制企业政策性文件——中共黄岩县委〔1986〕69号文件

中共黄岩县委文件

县委（1986）69号

中共黄岩县委 黄岩县人民政府
印发《关于合股企业的若干政策意见》和《关于个体经济的若干政策意见》的通知

各区（场）、镇、乡党委，县委直属各单位党委、党组，各区公所和镇乡人民政府，县政府直属各单位，各人民团体：

随着农村改革的不断深入，商品经济的迅速发展，我县农村涌现了一批合股企业和个体经济，这些合股企业和个体经济对促进城乡经济的发展起到了积极作用，正在逐步成为我县乡镇企业的重要组成部分。但是，这些企业目前由于在具体经济关系上缺乏明确的政策规定，在巩固和发展上受到一定程度的影响。为此，县委农村工作部经过调查研究，制订了《关于合股企业的若干政策意见》和《关于个体经济的

~1~

两个《意见》，现发给你们试行，各地在试行中
反馈县委农村工作部。

一九八六年十月二十三日

报：中共台州地委、行署
抄：台州地区农委

中共黄岩县委〔1986〕69号红头文件

满堂的精彩演绎。穿越了二十多年的时空隧道，人们终于发现，股份制原本是中国当代生活中最伟大也是最神圣的一桩“婚姻”——已经悄然颠覆了传统观念的市场经济，俨然就是那块蛊惑人心的红地毯。而一旦冲破计划包办的罗网，激情与理想便走到了一起。于是，新的生产力诞生了。

当时工商注册登记的只有国营、集体、个体三大类，而新出现的股份合作制企业好像不属于这三类中的任何一种。“名不正，则言不顺。”早在两千多年前，孔老夫子便已言之凿凿。所以，这些企业将面临的责难也就无法避免了。

为了明哲保身，黄岩县的股份合作制企业也都争先恐后地戴上了“红帽子”。原以为这样便可安身立命，不料批评者却不肯成人之美。他们说，不是假集体就是真单干，说白了，是企业的方向有问题。显然，对于悄然出现的新事物，传统观念的肠胃在短时间内根本无法消化，因此，历史必然会“勒索”现代。

首先是分配问题。石渠乡某厂，年底分红有人一次分得几十万。消息一传开，有关部门便一脸严肃地找上门来，调查、取证，然后立案。一时间，草木皆兵，风声鹤唳。以至于有人不惜破财免灾，恳请将企业上交政府，以示“立地成佛”之意。眼瞅着分配搞不下去了，有的乡镇便出台政策，明确规定，股东的股份分红不能超过当时银行存款利率的水平。此令一出，股东们又是一片哗然，仿佛光天化日之下遇到了劫匪。

转眼间到了1986年，已是4月将尽，可一些企业上年度的年终分配仍然没有眉目。

劳而无获，本身就是对劳动的诅咒。

于是，创业者们遭遇了一个中国式黑色幽默——没有钱愁，有了钱还愁。唉，怎一个“愁”字了得！

既然前途多舛，就必须未雨绸缪。要不然，明天政策一变，你去哪儿说理呢？

1986年3月，石渠乡电冰箱配件厂就出了件麻烦事。股东们一下子抽走股金30万元，造成生产资金严重不足，扩建计划被迫取消。全厂工人束手无策，只能眼巴巴地坐等乡里派人来收拾残局。与此同时，另外一家由37户农民兑钱创办的冰箱配件厂，其老板也成了纪检部门的追查对象。对于这家企业，县领导非常了解，深知农民兄弟筚路蓝缕、以启山林的创业艰辛。在检察院对企业职工挨家挨户进行查访时，县领导索性把责任一股脑儿地全揽过来：要抓就抓我们吧！是我们让他们这样做的。

歧路亡羊。

黄岩在痛苦中徘徊，股份合作制企业究竟何去何从？

这是黄岩的诘问，也是一个时代的困惑。

此时，党内和国内理论界对于股份制的争论已渐趋白热化。一言可以兴邦，有位北大副教授成了引发论战的导火索。1980年初，为解决知青返城后的就业难题，中共中央书记处研究室和国家劳动总局联合召开座谈会，这时北京大学经济系副教授厉以宁提出："可以号召大家集资，兴办一些企业，企业也可以通过发行股票扩大经营，以此来解决就业问题。"此言一出，举座哗然，赞同者少，而反对者众。有人甚至认为，这是"明修国企改革的栈道，暗度私有化的陈仓"。在他们眼里，"厉股份"的设想如同矿井里泄漏的瓦斯一样，令人厌恶乃至恐惧。

正是在这样的时代背景下，孙万鹏和黄岩的父老乡亲站在了命运的十字路口，背后是古老的原野，面前是未知的前途。若干年后，对当年那段历史，社会学家也许会煞费苦心地予以求证——一样的混沌，一样的迷惘，乃至一样的压力，为什么偏偏是黄岩第一个破茧而出？是历史选择了黄岩，还是黄岩选择了历史？总而言之，无论偶然抑或必然，历史之树结出的第一枚果实肯定蕴含了重要的生物信息。

2006年10月，为庆祝全国第一个保护和规范股份合作制企业政策性文件出台二十周年，黄岩举行了隆重的纪念大会。曾任黄岩县县委书记的孙万鹏，向与会者们袒露了那个特殊时期自己的心路历程。颇具诗人气质的他，用两句诗来形容当时的苦恼："落日川渚寒，愁云绕天起。"想想看，县委书记尚且如此，更何况平头百姓呢？

孙万鹏年轻时喜欢听苏联歌曲，如果不是命运让他学了植物学，后来又让他走上了从政之路，他一定要到莫斯科去，看看那里郊外的晚上到底怎样迷人。不过眼下，他只能坐在黄岩县委办公室二楼西侧的那间办公室里，呆呆地望着墙上的黄岩县地图出神。他是一个长于思辨的人，充满智慧的大脑每每引领他沿着形而上的曲径走进陌生的地域——就像探险者喜欢研究陌生的大山一样。大山的褶皱淹没了探险者的身影，只有徐徐吹来的山风，传达出单调而又坚忍的足音。身为共和国最年轻的农业厅厅长，也是浙江省最年轻的正厅级干部，他主动要求去黄岩挂职，成了当地人津津乐道的一条新闻。孙书记是带着3000余张资料卡片走马上任的，那是他

2006年，全国第一个保护和规范股份合作制企业政策性文件出台二十周年纪念大会现场

在中央党校中青年领导干部第三期培训班上持续一年挑灯夜战的成果。这是一次系统的、关于传统观念的强化训练：譬如，社会主义的本质特征之一是按劳分配，资本主义的本质特征之一是按资分配；计划调节与社会主义结了缘，市场经济与资本主义结了亲，等等。然而，理论与实践照面，场景十分戏剧化。理论的困窘是始料未及的，面目模糊又似是而非的股份合作制企业，一上来就给他的思维方式带来沉重的一击。于是，新任县委书记陷入了痛苦而又执拗的思索中。在人类认识的发展中，从伽利略·伽利雷的自由落体定律，到开普勒的行星运动三定律，再到牛顿的万有引力定律等，靠的是都是知性思维，而知性思维的三条基本规律（同一律、排中律、不矛盾律）中的矛盾关系的两个判断——真与假，是非此即彼的。也就是说，如果按照卡片上所规定的逻辑对号入座，结论倒也简单。问题是，事情果真这么简单吗？

“不唯上，不唯书，只唯实。”陈云同志的告诫，让他的头脑逐渐清醒，他决定亲自到企业里去走一走、看一看。就像毛主席当年在《实践论》中所说的：“你要知道梨子的滋味，你就得变革梨子，亲口尝一尝。”实践是检验真理的唯一标准嘛！

接下来，在短短三个多月的时间里，县委书记先后三次走进石渠乡。

第一次下乡，他执意在风雨交加中上路。考虑到山道崎岖，小车只能开到乡政府，剩下的路必须步行。出发前，随行的工作人员委婉建议："要不，改日再去吧？"孙万鹏果断地一挥手："走，下刀子也要去。"当手撑雨伞、两腿泥泞的几位陌生人出现在车间里时，正在忙碌的工人们起初并没有意识到什么。听了乡长的一番介绍，工人们有点儿手足无措，他们一脸诧异地望着客人，心里纳闷：区区这样一个小厂，怎么就把县委书记和县长都惊动了呢？因为摸不清领导的来意，在随后的交谈中，股东们便虚与委蛇。

孙万鹏问："你们为什么要办合股厂？"

他们含糊地说："混口饭吃呗，没有别的企图。"

"那么，效益怎么样？"

回答也是语焉不详："马马虎虎吧，日子还能混过去。"

县长王德虎看出了股东们的心思，便故意问了一句："马马虎虎？你们就不怕亏损？"

"不会。"厂长的回答几乎不假思索，"大家都一心一意扑在厂子里，一碰上困难，谁都着急。"

旁边的股东们也七嘴八舌："厂子一倒，大家都要倒霉。"

"是啊，大家伙儿的厂，谁都得操心操力。"

孙万鹏若有所思地点点头，他望了一眼王德虎，两人交换了一个会意的眼神。

随后，他们去了李书福兄弟等8户农民合股兴办的电冰箱配件厂。股东们都认识王县长，但是对新来的孙书记并不了解，因此说起话来显得谨小慎微。孙万鹏边听边看，却始终没有表态。看到县委书记不动声色的样子，股东们有点儿惴惴不安了。

他们小心翼翼地试着打探。

孙万鹏没有正面回答，却反问道："你们喜欢这种既像股份制又像合作制的经济形式的原因是什么？"

股东们面面相觑。

王县长有意为大家壮胆："不用顾虑，大胆说嘛。"

然而，毕竟吃不准新书记的心思，保险的办法只有搪塞："这个嘛，我们现在还说不太清楚，等我们再琢磨琢磨，下次告诉您好吗？"

调查归来，县委书记被一种兴奋的情绪包裹着。直觉告诉他，在当时的条件下，股份合作制分明是“朝来新火起新烟”的新鲜事物，生机勃勃。它代表的是一种新的价值取向。

那么，这种价值取向对于黄岩来说，意味着什么？

究竟是凶还是吉呢？

如果按照非此即彼的思维方式，他就必须在这些企业和那堆卡片之间做出选择。还有没有另外的取舍办法呢？当孙万鹏带着疑惑向几位老同志讨教时，他们仿佛心有灵犀，都会心地笑了：“孙书记啊，你不就是学农业的吗？你说杂交稻是什么思维方式啊？”寥寥数语，使孙万鹏茅塞顿开。是啊，杂交育种不就是通过不同基因型亲本间的杂交和基因重组，将双亲的优良性状综合于杂交后代吗？

第二天，他让人找来了国际水稻研究所1967年至1985年期间命名的全部杂交稻品种的有关资料。累积的科学实证，让他的思辨越发深入。他想，杂交稻育种让中国用仅占世界7%的耕地，养活了占世界22%的人口，同样，股份合作制这种经济杂交的新品种，也是令人期待的。

第二次去石渠乡，李书福兄弟已经把上次提问的答案想好了。他们说，之所以喜欢股份合作制，是因为这样做有好处：可以集中资金，办一些个体干不了的事，在竞争中具有规模优势。

孙万鹏问：“合股企业比个体户具有规模优势是可以理解的，但与集体企业相比，是否也有这种优势呢？”

一位股东回答：“我们的电冰箱配件市场形势比它们好。”

另一个股东接上一句：“和它们比，我们的优势在于我们干得更认真吧！”

孙万鹏会意地点点头。

临别时，他终于表态了。他鼓励大家大胆摸索，总结经验，为黄岩的振兴多做贡献。话音刚落，灿烂的笑容便如涟漪般在李书福兄弟和股东们的脸上荡漾开来，很生动，也很温馨，久违了的笑容啊！若干年后，财经作家郑作时在《汽车疯子李书福》一书中发出了这样的感慨：“对于李书福来说，石曲冰箱配件厂是他创业经历中最为关键的一步。在这个时期，他的创业得到了大的发展，资金的原始积累彻底完成。同时他应该感谢命运，在最关键的时候，一个素不相识的县委书记在背后支持了他。没有这种支持，李氏工厂的结局很可能会像前面提到的邻县一样，因为是出头鸟而受到批判。就在石曲冰箱配件厂大发展的时期，温州出现了‘八大王事件’，同样由个体户发展成小工厂的八个经营者被抓的被抓，逃跑的逃跑。他们的命运与李书福比起来，就要坎坷得多。”

第三次去石渠乡，孙万鹏惊奇地发现，股份合作制企业由他上次去时的26家发展到38家，合股额达到195万元，而乡、村两级的集体企业自20世纪70年代初开办至今，只有13家。两相比较，股份合作制企业的活力是显而易见的。三次下乡，最终成就了一位改革的先行者。县委书记的认识由表及里、由浅入深，已经无限接近质变的临界点。而历史在这一刻又一次彰显了人民的力量，正是他们生动活泼的创造性实践，把一种新的思维方式催熟了。孙万鹏想，为了黄岩经济和社会的健康发展，也为了拓清前进道路上的种种障碍，县委、县政府现在必须打破沉默。他认为，用最权威的方式正本清源，对于新生的“经济杂交稻”的推广，肯定会收到事半功倍的效果。他把自己的想法向县长王德虎和盘托出，两人竟然不谋而合。

王县长出身基层，当年“工业学大庆”时，由他领衔的某厂便是台州地区第一个“工业学大庆”先进企业，目睹了计划经济的种种弊端，新兴的股份合作制给这位“老工业”带来前所未有的感受和启发。现在，他意识到自己必须做些什么。他望望身边的战友，嘴角泛出一抹会心的微笑。是啊，是应该有一个系统的政策文件了。

随即，县委农工部开始起草文件。

消息不胫而走，一夜之间，孙万鹏的眼前便出现了一个恐怖的“百慕大三角”。

“这是一条政治上的‘高压线’，风险太大，最好别去碰它。”

“咱们周边的兄弟县，眼下不是还在批判吗？”

人也多，嘴也杂，各种各样的提醒，像紧身衣似的一件又一件温柔地套在孙万鹏身上。他有种预感，自己面对的或许是人生中最重要的一次抉择。

又一个不眠之夜。

视线的焦点在散乱的卡片上来回移动着，就像考古学家重新打量熟悉的文物。看得出，他是在分析的过程中竭力寻找着什么。不错，牛顿的经典力学提供了非此即彼的绝对论的靠背，它引领了全球科学潮流四百年；爱因斯坦的相对论实质上已经对非此即彼的绝对论提出了挑战，他的光电子理论、光的波粒两向性就是对非此即彼的思维方式的否定；而量子论的创始人之一——玻尔的互补原理又进一步把两元对立的非此即彼推到了两元互补的境界。想到这里，他又翻出了来黄岩后做的几百张关于政区建制、自然环境、自然资源等不同系列的资料卡片。在土壤类的卡片中，红泥土、黄泥土、红粉泥土，紫色土、新积土、洪积砂土、古潮泥砂土、培泥砂土的栏目中，都赫然写着酸性至中性反应。孙万鹏的眼睛一亮：土壤的酸碱度并不是非酸即碱的，中性是存在的，而杂交稻、股份制等人类的创造发明不也是中性的吗？杂交稻社会主义国家在种植，资本主义国家也在种植。同样，股份制也可以在不同社会制度的国家推行，这个趋势是谁也阻挡不了的。想到这儿，他把卡片往桌上一放，如释重负地呼出一口气，就像长途跋涉后的战士卸下行囊，闭上眼睛，软软地靠在椅子上，他就那么一动不动，静静地坐着，坐成一尊思想者的雕像。

窗外，晨光熹微，天就要亮了。

后来，王德虎回忆说："当时出台这个文件，确实是要冒很大政治风险的，我对孙书记说，如果出了问题，大不了咱们俩回家卖红薯去，你来煮，我来卖嘛。"

经过六易其稿，即将面世的文件也终于显出清晰的眉目。文件开宗明义，对股份合作制企业的属性做了概括，称其为"合作经济新形式"，是乡镇企业的重要组成部分。如此一来，姓"资"与姓"社"的争论便被巧妙化解。在新旧观念的残酷博弈中，孙万鹏、王德虎们表现出了令人称道的政治智慧。

1986年10月23日，中国第一个保护和规范股份合作制企业的政策性文件正式出台。那个阳光明媚的上午，不仅成为黄岩经济发展划时代的分水岭，也成为中国股份合作制发展进程中一座醒目的历史坐标。此后的十年间，黄岩的股份制合作企业由涓涓细流汇成澎湃的大潮。据统计，1996年，黄岩共有企业4164家，股份制与股份合作制企业3169家，占76.1%。十年间，黄岩县工业总产值平均年递增37.86%，生产总值跃居台州之首，成为浙江省十强县市之一。撤县设市不久，黄岩又跻身全国农村综合实力百强县市行列。

1997年1月17日，江泽民同志在中国共产党第十五次全国代表大会文件起草组会议上说："股份合作制是一种新的公有性所有制。目前，我国城乡广泛出现了劳动者的劳动联合和资本联合为主的股份合作制经济，这是我国经济发展实践中出现的新事物，应该以积极态度予以支持。"同年9月，中国共产党第十五次全国代表大会报告第一次把股份合作制定义为社会主义公有制多样化实现形式的一种。历经十几年的探索与发展，股份合作制从此正式载入史册。从第一个基层党组织正式文件的出台，到中国共产党最高组织机构的权威确认，一条思想解放的红线清晰地描绘出两者之间的历史逻辑。

历史永远是一个隐喻的高手：二十多年前，当中国第一个指示股份合作制发展方向的路标在黄岩出现时，谁也不知道它将给未来的中国带来什么。谜底是逐渐凸现的——股份合作制不仅为高速行驶的经济列车提供了新的强大扭矩，也为国营和集体所有制企业改革提供了现实参照。而且，随着时间的推移，人们将看到关于股份合作制的演绎越发精彩，而后来的历史学家也将永远对那薄薄的六页纸心存敬意。

在采访中我了解到，在担任黄岩县委书记还不到两年时，孙万鹏便罹患肝癌。生离死别，人生注定会有这样或那样的缺憾，但让他难以释怀的是，自己潜心研究多年的灰学理论一直未能进行系统总结，所谓灰学，是一种全新的思维方式。按照国际惯例，在系统论和控制论中，信息度是以颜色来显示的，信息明确的为白色，不明确的为黑色，部分明确与部分不明确的为灰色。无论在自然领域还是在社会领域，灰色现象是普遍存在的。灰学的价值就在于解决许多传统理论中无法解决的问题，它对于人类全面、准确地认识事物发展的客观规律，无疑有着十分重要的意义 。面对死神的威胁，性格的逻辑又一次决定了命运的走向。孙万鹏积聚起生命的全部能量，开始了撼人心魄的殊死一搏。灰学系列之一的《表现学》是在病榻上开始落笔的，为了打起精神，他买来了清凉油；为了抵抗疼痛，他准备了干辣椒；为了预防停电，他备好了手电筒……就这样，他不惜一切地开始了与死神的赛跑，他希望跑道尽头那条宣布胜利的横线，就是自己的遗作。

这是一场如同当年69号文件诞生时同样激烈也同样残酷的战争。

待到硝烟散尽，奇迹出现了：自1991年以来，孙万鹏已经取得灰学研究成果16项，出版灰学专著33部，总字数超过1000万字。目前，全国已有100所大学开设了相关课程。

拜访孙宅，我感到十分震惊。在此之前，我无论如何也想象不到，一位有着35年正厅级资历的干部，家中会如此简陋：除了电视和书橱，竟然没有一件像样的东西。

2004年初，省机关事务管理局分给孙万鹏一套厅局长经济适用房，比他现在的住宅大70平方米，由于手头拮据，他决定放弃。一些黄岩的干部、群众得知这一消息后，主动提出帮他借钱买房，并劝他无论如何也要把房子拿到手。不就是30万吗？我们替你先垫上，如果自己不去住，一转手就可以净赚100万呐！可是，他说啥也不肯答应。

此情此景，真应了中国的那句老话：安贫乐道。看来，孙书记也不例外。因了一个“贫”字，书记便有了寒士的风雅。“君子安贫，不坠青云之志”，作为故事来听，或许将信将疑，一旦身临其境，便不由得肃然起敬了。

望着主人家中那辆破旧不堪的自行车，我忽然心中一阵感慨：无私才能无畏啊！我想，对于当年69号文件的历史成因，这是否也是一个新的解读角度呢？

从认识论的角度看，社会领域的法则同自然领域法则其实是一脉相通的，就像人工林之所以永远成不了原始森林，根本原因就在于缺乏生机勃勃、充满活力的生物多样性。单一经济体制的弊端就是人之好恶在自然界的翻版——当人类的生产活动导致其他物种灭绝的时候，生物链的破坏、物种的减少又反过来威胁到人类自身的生存。

当年，正是通过对于股份制这一新生事物的考察，马克思的思想发生了重要的转变。他在《资本论》中指出：“在股份公司内，职能已经和资本所有权分离，劳动也已经完全和生产资料的所有权和剩余劳动的所有权相分离。资本主义生产极度发展的这个结果，是一个必经的过渡点，以使资

2006年，“全国第一个保护和规范股份合作制企业政策性文件出台二十周年纪念大会“现场合影

本再转化为生产者的所有，不过这时它已经不是当作个体的生产者的私有财产，而是当作共同生产者共有的财产，直接的社会财产。”

如此明确的论述，意味着一个同样明确的结论，即资本主义通过股份制的形式，完成了向社会主义的和平过渡。不幸的是，在很长的一段时间内，我们始终闭目塞听，固执地认为这个世界除了我们自以为正确的社会主义，再也没有其他社会科学，更不要说这些社会科学里面所包含的具有正面价值的东西。

当然，这不是马克思的错误，而是我们的错误。好在探索实践不断校正认知的偏差，并最终凝练为中国共产党第十三次全国代表大会报告中的清晰表述：改革中出现的股份制形式，包括国家控股和部门、地区、企业间参股以及个人入股，是社会主义企业财产的一种组织方式，可以继续试行。

冬日书信

徐卫华

徐卫华：中国作家协会会员、中国书画名家联合会副秘书长

孙书记：

您好！问您全家新年大吉大利！

收到您的两篇大作后，我做了拜读，感触至深。人如其文，文为其人，字里行间充满了对中国社会的忧虑和炙热之情。您不仅是一个有深刻思想的人，而且在跨学科中站在前沿研究的高度，为当代中国的理论科学开创出一片独特的天地来。我也不是好什么吹捧，而是认为像您这样的一个身份的人，能够潜心投身于这一事业中，甘坐冷板凳，如此的学者教授，在中国确实是太少了，不得不使人由衷地敬佩。

我想，您的灰学理论，它不仅仅是属于中国的，也是属于世界社会文明的共同财富。台州因有您工作过而感到无比的骄傲。王德虎秘书长常常是从心里自然而然地要说到您，并且是赞不绝口。我想，今后如有更多的空余时间，一定再来好好地拜读您的灰学巨著。因为我过去十几年前就翻过您的巨著，没有细读，不好意思。我认为，灰学，在人类的科学发展中，具有警示作用，以及在某些领域有独到的引导和核心的价值作用，同时，它又与美学有着相辅相成、对立统一的关系，特别是它在揭示社会文明发展中的路径作用，在特殊情况下由矛转化为盾的质变到量变，是令人们感到不可或缺的理论体系中的新的一极。我仅是粗浅的认识，班门弄斧，让您见笑了。

我在空余时，喜欢写点儿东西，那是权作休闲而为，就是别人打扑克，我在写作罢了。时间长了，也有些积累，就把它出版了。至今已出版各类书22本，现寄上几本，供您批评指教。

顺祝您

身体健康，全家康泰！

徐卫华敬上

2011年1月12日上午

孙书记：我遵王德虎秘书长的指示，已经将您的两篇大作寄给俞仲达主任和姚志文先生了。

徐卫华又及

孙万鹏老书记：

您好！问您爱人及您一家人好！

从杭州回来，与您和您的夫人见面，真的是很高兴的事，也是托王县长的福气；讲熟一点儿，是一种缘分。当然，我去是带着仰望大师的心情去的。但见面后，您却是那么的平易近人，我们就如老朋友、老师长一般地闲聊开了，实在出乎我的意料，难怪王县长开口闭口都在赞美您及您一家。您那精神矍铄的样子，您那才思敏捷的情态，您那和善亲切的言语，都给我留下了特别深刻的印象。特别是您的夫人，那么开朗，那么温文，那么朴实，在爽朗中为您做绿叶，确实令人感动又难以忘却。难怪您能战胜病魔，并写出世界为之注目的灰学巨著来。这不是恭维，这是实话。

最令我感到惭愧的是，我去看了您的书房后，竟脱口而出："我有书四五千册。"不想，您平淡地说了一句，您有书两万多册，我才感到自己的孤陋寡闻，也深知自己的肤浅与不知天高地厚。直到我再次坐回椅子上时，才看到您那边桌子上放着的证书：杭州市十大藏书读书家庭，书香人家。

我才知自己确实不知一山还有一山高，天外有天，在任何时候都得谨慎。我自认为自己是一个低调的人，但在您面前，就自然而然地露出了马脚。恕我直言，也请您不要见笑，反正已经班门弄斧了，我也不怕献丑，就算不能高攀，还望作一忘年之交。

我还是犹豫了一段时间，才给您写这封信的。不是为了前面所讲的问题，而是我接下来要出版一套书，共7本，计划在作家出版社出版。准备在6月底前开个比较大的座谈会，类似于研讨会，可能会邀请不少名家参加，届时希望您拨冗出席。时间比较紧，本来想请叶文玲先生写个序，但她患脑溢血正在康复阶段，已经一年多没有写东西了。斗胆拜请您为我写个序。这套书有两本小说、两本诗歌、两本散文，还有一本是文化批评、诗歌评论，包括古典文化方面的一些个人见解，书名叫《另一种声音》。

雷达有一篇《当前文学创作症候分析》，一些名教授对其进行了批判，我认为他们批得不对，写了一篇文章表达我的观点，这篇文章现收录于《另一种声音》中。

请您写序，我很惶恐，您这么忙，研究这么多，各方面的事务都不参与，这样劳驾您是否合适？就这么见过一面，就请您写，显得很唐突，也很不礼貌。但最后我还是与王县长讲了一下，他要我一起上来与您讲，我又觉得反而浪费您的时间，您要是不愿意，反而很尴尬。我这话也没有跟王县长讲，只是讲先寄给您书稿，向您征求意见予以请求，这样比较自然些。另外，我请您帮我写序，也是因为您对我有一些了解，有很多人是根本不了解我的，我宁可不叫他写。我这个人有点硬头硬脑的，但讲的都是实话真话。您如果确实为难，我也不勉强，这也没有什么，您也不要放在心上，除了您是我尊敬的长辈师长外，我们还是忘年交。

当然，如能在4月底前帮我写个序（这要您来定了），那是我非常高兴的事。最近，《台州商报》的记者帮我写了篇材料，也是缘于王县长的鼓动，他要我宣传一下，别人才知道。正好有报社同志来，也发现我出版了这么多书，在闲聊中，也说了您给我的回复和评价（无意中一高兴就讲了），他们就要为我写点儿东西，还真派记者来专门写了，报道就这么出来了。我将此文也寄给您，供您参考，真的是班门弄斧，请您不要见笑。

其他没有什么，一切如故。欢迎您和夫人来台州重游，我在此间等候驾迎。

顺祝
一切安泰！

徐卫华敬上
2011年4月6日下午

孙书记并吴文上先生：

你们好！

首先对您的获奖再次表示祝贺。像你们这样有责任的学者、文化大师，现在确实很少。读了您的文章，令人敬仰。

在这里，我还要再次感谢你们。孙书记百忙中抽出宝贵时间为我写序，又那么高地评价我，实在是我人生之幸运也。你们的人品、文品都是我所学不完的。

另外，我送上拙作一套（上、下册），请你们批评指正。

别不多言，有时间来我处一叙，一尽地主之谊。

顺祝
一切泰安！

徐卫华敬上
2011年5月26日上午

孙书记：

我已拜读了您的大作，非常好！我以为，这是21世纪科学最前沿的研究新成果！对我有很大的启发和教益！我在门外看：只有突破量子的世界，才能进入更深更新的世界中；只有重新认识世界的组成，或许在能量之外，即其他无形“物象”中，才能找出一条认识世界、改变世界的新的道路来！但是，道可道也，非恒道也。因此，超出人和物的“时空”的真正的本源到底是什么？人们确实需要深入的突破和研究，您是学界的标杆。使我感动的是，您“以圣人处无为之事，行不言之教”，求“知美之为美”，甘“为天下溪”而“常德不离”！治大学，“若烹小鲜”也！向您学习致敬！

卫华顿首

稻鱼共生：记全球农业文化遗产[1]

李青葆

李青葆：国家一级作家。中国作家协会、中华诗词学会、中国书法家协会会员，中国楹联学会理事，《中华诗词》杂志特邀点评嘉宾

1984年、1985年，小舟山乡连续被评为“浙江省稻田养鱼先进单位”。

1985年，农业部在小舟山乡召开现场会，推广“稻田养鱼”经验，时任浙江省农业厅厅长孙万鹏给予高度赞扬：“大海养鱼大舟山，稻田养鱼小舟山。”小舟山乡被农业部授予“稻田养鱼示范点”。2000年10月，全国人大常委会副委员长费孝通欣然为小舟山题词“中国田鱼村”。现在离村子约500米远的进村路口，立有一座四柱三楼的石牌坊，明间花板上刻有费孝通题写的“中国田鱼村”五字，旁边还有一座石制“问鱼亭”。2005年5月，青田县“稻鱼共生系统”被联合国粮农组织评为全球重要农业文化遗产，列入保护项目。[2]

1. 2020年8月，李青葆与孙万鹏联络，告知小舟山乡开发旅游时希望将孙万鹏为舟山的题词“大海养鱼大舟山，稻田养鱼小舟山”刻在石碑上，故有此文记录背景。
2. 2005年5月16日，浙江省青田县方山乡龙现村传统稻鱼共生系统被评为全球第一批“五个重要农业文化遗产”之一。

附：

鹧鸪天·贺孙万鹏先生灰学巨著出版

有梦人生处处诗，
厅官退后默成旗。
争朝竞夕开灰学，
健笔精思亮紫微。

文有味，品如饴。
十年未到断桥嬉。
书香首创增山壮，
名与钱江万古齐。

第三部分

处世：人间窥镜

将灰学运用到日常生活中

张鸿芳

张鸿芳：浙江省农业农村厅原副厅长

今天我很高兴来参加孙万鹏灰学首发式和研讨会。

第一，我是来祝贺的。上次我与孙厅长见面的时候就知道，《孙万鹏灰学文集》(10—12卷)出版发行了，我也是翘首以盼着这三卷书，今天终于召开首发式，所以我要表示热烈祝贺！300万字确实不容易，最近厅里给我任务，叫我看一下《农业志》，30万字，我看得好累，反正再看下去我的眼睛都看不清了。300万字确实是非常非常的不容易！而且是自己写出来的。

第二，我刚才跟原副秘书长俞仲达讲，我是来学习的，我与孙万鹏、吴文上都是原浙江农业大学毕业的，我迟一年毕业，也是迟一年进入省农业厅的，我们在农业厅植保站一起工作过。后来我们又一起到长广煤矿广兴井工作。我们同时在一个井下几百米处挖过煤，当时一般的居民每月只有24斤粮票，我们一个月有57斤。我们一起下井挖煤打眼、放炮、放炸药、装雷管。后来，我们回到浙江省农业厅，孙万鹏是厅长，我是厅办公室主任。

1984年10月29日，在杭州饭店，孙万鹏厅长为以佐野昭司为团长的日本农业水产考察团举行了欢迎暨签字仪式。

为此，孙厅长在《浙江日报》的支持下，于28日创办了《浙江农业》报。

这张令日本客人吃惊不小的报纸，实际上就是我国第一张“农村信息报”。36年来这份报纸覆盖面广、信息量大、印量大、长盛不衰，深受广大城乡读者的欢迎。

我们回到浙江省农业厅以后，孙万鹏同志是厅长，我在他下面工作。在省农业厅工作期间，我深刻体会到孙万鹏同志工作的创造性与工作的深入。

关于灰学，我是理解不深的，但是，今天听了孙万鹏同志介绍的9个例子，我都给记下来了。灰学能解释包括自然科学、社会科学等多方面的事情，我觉得它是一种哲学思想，是一种思想方法。虽然我们都退休了，但有的时候还可以发挥余热。我觉得学习灰学，对认识社会会有很大的帮助。所以我回去也要学习灰学，以便运用到自己的日常生活中，运用到有限的工作中。

1971年冬，孙万鹏（中排右一）吴文上（中排右二）与张鸿芳（后排左一）等在长广煤矿合影

毛主席语录

中国应当对于人类有较大的贡献。

我赞成这样的口号，叫做“一不怕苦、二不怕死”。

社会的财富是工人、农民和劳动知识分子自己创造的。只要这些人掌握了自己的命运，又有一条马克思列宁主义的路线，不是回避问题，而是用积极的态度去解决问题，任何人间的困难总是可以克服的。

团结起来，争取更大的胜利。

人物表

金海峰：男，二十八岁，煤矿采掘工，二连三班班长，中共党员。
高宏：男，四十八岁，红星井党委书记，井革委会主任。
钟春光：男，五十岁，煤矿老工人，中共党员。
罗德发：男，四十五岁，生产指挥组付组长，二连连长、支部委员。
杜开宝：男，三十八岁，井党委委员，技术员。
金梅英：女，四十岁，家代会主任，中共党员。
江玉红：女，二十四岁，机电工人，共青团员。
陈大贵：男，二十二岁，采掘工人，共青团员。
何忠杰：男，二十三岁，采掘工人，共青团员。
刘俊：男，二十一岁，采掘工人，共青团员。
徐彬：男，二十岁，采掘工人，共青团员。
方玉成：男，二十七岁，瓦斯检查员。
蒋才发：男，四十九岁，运输工。
老工人甲、乙，测量员甲、乙，男女矿工，家属工若干人。

故事发生于一九七〇年国庆节前若干天，浙北红星矿井。

孙万鹏与顾锡东合作，由嘉兴地区京剧团演出的九场《煤海战歌》原稿

1984年，日本农业水产考察团团长佐野昭司（左）和孙万鹏（右）在签字仪式

浙江农业

日本静冈县农业考察团到杭

浙江省农业厅举行仪式热烈欢迎

在欢迎日本静冈县农业考察团的仪式上

浙江省农业厅厅长孙万鹏的讲话

在浙江省农业厅举行的欢迎仪式上

日本静冈县农业水产部部长考察团团长佐野昭司的讲话

日本静冈县农业考察团名单

浙江省农业厅 静冈县农业水产部 第二次会谈纪要

昨天在杭州举行签字仪式

孙万鹏厅长和佐野昭司部长分别在会谈纪要上签字

第二次会谈纪要

莫道江南隔海东 相亲千里亦同风

1984年10月30日，《浙江农业》报专刊版二和版三

一位让我又敬又爱的人

徐立幼

徐立幼：浙江大学教授、浙江省原政协委员、全国优秀教师

我简单讲几句。关于灰学理论方面的事，我就不讲了，今天我就讲一下我跟孙万鹏同志的交往。我是1978年恢复高考以后，到浙江农业大学，才跟老孙相识的。我对他的为人处世非常敬佩，他是我的生命中碰到的思想最崇高的人。他的工作作风、为人，都是我一生中最崇拜的。他以前给我的整套著作，我虽然没有全部很系统地看过，但是都很好地保留着。今年我88岁，记忆力已经不行了，体力也不行了，在养老院住了。所以我把孙万鹏的整套灰学著作全部都交给浙江大学公共管理学院的图书馆，请他们保管。因为我认为这套书放在我们学院的图书馆里，可发挥作用。

《生命之树常青：灰学创始人孙万鹏传奇》这本书我翻来覆去不知看了多少遍，里边给我画来画去，画得一塌糊涂。所以我专门又向老孙要了一本新的，打算送到学院图书馆去，使年轻人看了也能受益。

老孙在黄岩工作期间，我也在黄岩工作（我在黄岩农委工作了20多年，

百味人生 情感

一位让我又敬又爱的人

——读《生命之树常青——灰学创始人孙万鹏传奇》

文/徐立幼

冯翔著、中国广播电视出版社出版的这本书，出版于2000年，距今已十多年了。最近孙万鹏同志在浙江省委老干部局组织的“浙江省优秀离退休干部党员”评选活动中当选（2013年7月1日的《浙江老年报》进行了专题报道），促使我又重新翻阅了这本书。

孙万鹏原为浙江省农业厅厅长，是浙江农业大学植保系1964届毕业生。毕业后待过机关，下过农村和矿井；1983年在担任厅长工作时，主动要求去黄岩兼任县委书记。有一次我去黄岩出差，在县委招待所碰到孙厅长，他告诉我第二天他将去白石乡。我本能地跷起大拇指对他说，那你是黄岩的第一个县委书记。他不解地反问：“我怎么是第一个县委书记呢？”我接着补充说：“你是黄岩第一个，也是唯一一个去白石山头的县委书记。”（新中国成立后，孙是黄岩县的第十三任县委书记。）

白石乡是黄岩县最偏僻的山区贫困乡，位于与永嘉县交界的深山中，只有崎岖不平的山路，没有交通工具。从县城出发，渡过长潭水库后，还得爬五六个小时的山路才能到达，足足要花一天的时间。此前，没有一个县委书记去过那里。

孙万鹏同志在黄岩工作不到两年，后因身患绝症，回杭州治病。在这之前，他的父母和一个妹妹都因患癌症医治无效而离开人世。孙万鹏没有接受“手术治疗”的建议，凭他自己坚强的毅力，采用“综合保守疗法”，一边与疾病做斗争，一边全身心地投入到对灰色理论的研究之中，带着病体，写下了300万字的书稿，出版了一系列灰学著作，被学术界公认为“灰学理论创始人”。

孙万鹏说：他退休后只有一个想法：不患位之不尊，但患德之不崇。这充分反映了他高贵的人格，因而被黄岩人民称为焦裕禄式的好干部。

Global Enjoyment 41

2013年12月，徐立幼在《环球老来乐》发表《生命之树常青：灰学创始人孙万鹏传奇》读后感

后来调到浙大农经系任教）。有一次我从浙大出发下乡到黄岩去，在黄岩招待所里碰到了孙万鹏。他对我说，明天要到白石山头，我就给他说，我说你是黄岩第一位县委书记，他说怎么是第一位县委书记呢？我说你是黄岩第一个上白石山头的县委书记，这说明他工作的深入。他是黄岩第13任县委书记。前面12位县委书记没有一个到过白石山头的，因为那个地方太偏僻，从黄岩出发，要花整整一天时间才能到。所以我非常非常佩服他。那时，他出差的时候，经常骑自行车，而不用小汽车。他的人缘、人格、作风好，老百姓特别愿意接近他。这些事情省农业厅司机都知道（老孙当时是浙江省农业厅厅长兼黄岩县委书记）。

同时，我对文上同志也非常钦佩。孙万鹏同志在患癌症的时候，从手术台上跳下来，放弃了后续治疗，可以说，没有文上同志，就没有现在的孙万鹏。文上同志不仅在理论、写作上支持孙万鹏，孙万鹏现在能够恢复得这么好，文上同志起了很大的作用。所以我对文上同志也很钦佩，我对他们夫妻二人都很钦佩。

谈我的学长孙万鹏

汤圣祥

汤圣祥：中国水稻研究所遗传资源系原主任、研究员，博士

各位领导，各位同志，我是汤圣祥，中国水稻研究所的。我讲三点：第一点，我跟孙万鹏先生都是同一个大学毕业的——浙江农业大学，现在的浙江大学华家池校区。

我是1964年毕业的，孙先生是1963年毕业的吧？可以说他是我的学长，但是当时我们并不认识，我们也走上了不同的道路。我终身都在水稻遗传资源种质研究这一领域。孙万鹏先生走上了从政的道路，当过黄岩县委书记、浙江省农业厅厅长。在他五六十岁的时候，实现了一个华丽的转身，主攻灰学，经过30多年的努力，取得了很大的成就。所以我对我的老学长，一方面表示佩服，一方面表示祝贺。

我对灰学还不是很熟悉，但是一二十年前，孙先生曾经送给我几本灰学的著作，当时我翻了翻、看了看，现在又听了大家的介绍，觉得灰学是很重要的，是哲学界甚至思想界很重要的一个组成部分，特别是在东方思

20世纪80年代，浙江农业大学校门

浙江大学华家池校区

想以及东方哲学当中，很重要。灰学的理论如果推广，在很多领域中有可以应用的地方。所以我觉得在灰学这方面，孙万鹏同志做出了杰出的工作，也对我们的思想界做出了重要的贡献。这是我的第一个想法。

第二点，我觉得要写一千多万字的灰学著作，对一个人来讲不容易，非常非常的不容易。我是做学术研究的，我也经常写论文，也经常著书立说。我也写了不少书，也写了很多文章，从中可以体会到写书写论文的艰辛。没有巨大的毅力，是写不出来的。我觉得是有巨大的毅力、巨大的耐心、巨大的精神在支撑着孙万鹏先生，同时他也得到了他夫人的大力协助。所以我觉得他们夫妇两人在著书立说推广灰学上有同样的贡献。孙万鹏先生的“脑子”，他夫人的手（电脑打字），两者结合起来，才有现在我们看到的灰学著作。我对他们夫妇的成就表示衷心祝贺！

第三点，我讲讲孙万鹏先生，刚才我听他的发言中气很足，思维很敏捷。我希望在未来的一段时间，他能写出更多的书，写出更多关于灰学的理论与实践的书，供广大群众、政府工作者参考。这个是我的期盼。同时我还希望孙先生在写作的时候保重身体。

谢谢大家。

在为人与为官中践行灰学

章显林

章显林：黄岩区原副区长、人大常委会副主任

今天我非常高兴，有幸参加孙万鹏先生的《孙万鹏灰学文集》(10—12卷)的首发式。我很佩服孙书记，他既是我的领导，又是我的老师，更是我终身学习的榜样。他的人品好，做官的官德好，从不摆官架子。

今天距他到黄岩当书记已经有33年了。

33年前，他第一次到黄岩，向我们传达全国农业工作会议的精神时，就联系了黄岩的实际，把黄岩的发展优势、短板讲得清清楚楚，我们听了印象极为深刻，大家都说黄岩有希望了。他当时是浙江省农业厅厅长兼黄岩县委书记，到省里开会时，本来县委书记是有专车的，但他从不乘专车，有事要去杭州，都是乘供销站的大巴车到杭州宝善桥。有一次大巴出事了，他才叫驾驶员将他接回来。以往，县委书记吃饭有小食堂，而他吃饭都去大食堂排队，从不搞特殊。干部们说，孙书记是我们所见过的县委书记中少有的。

2019年，王小大（右一）与孙万鹏夫妇合影

为了解黄岩教育系统的历史遗留问题，他到黄岩以后，首先建立了教师接待日制度，定为每月10日。有的事情，人家推来推去，他却主动给自己找“麻烦”。一次他接待了一位叫王小大的老师。王小大很年轻，心脏心瓣关闭不全，需要1万元钱做手术。孙书记拍了板，救了他一命。

在处理复杂问题上，他有新的思路，敢担当。比如说“文化大革命”两派有很多遗留问题，他力排众议，大胆使用人才。我们县计划生育办的主任有专业，但没经验，局面打不开。为了把计生工作搞上去，要物色一个干部，当时他考虑的一个干部，有能力有经验，但有“争议”。他多方征求意见 ，也问到了我，我说这个人有能力有魄力，就应该用起来。孙书记定下来以后，这个同志的积极性得到充分发挥，打开了黄岩计生工作的新局面，改变了黄岩计生工作的落后面貌。

在发展经济上，孙书记有新的思维，就是现在他的书里面叫灰学的思维。复杂的问题，他用新的视角去判断。比如说全国第一个股份合作制的政府性文件，是他经过8个多月调查研究以后制订的，解决了本县姓“社”、姓“资”和如何发展民营经济的具体问题，使黄岩的乡镇企业摘帽、改制，民营经济发展走出了一条新路。

在发展农村经济上他有新思路。黄岩的农业生产历来走在全国前列。妙儿桥“三分八厘田闹革命”，推广麦、稻三熟制，推广杂交水稻，这一系列工作让黄岩成为全省乃至全国的标杆。但孙万鹏同志考虑得更远更深，考虑黄岩农村人多田少情况下如何致富的问题。他发现西部山区适宜种苎麻，种苎麻有效益。孙书记因地制宜，从实际出发，改变西部山区粮经比例，首先把我们农业的资源用起来，推广苎麻种子直播，把苎麻种起来后又办了一个苎麻厂，这样产销对接，就不是说空话了。种植一年，农民就赚到了钱。

解放农村劳动力，让农民从田野上走出去，富起来——这是孙万鹏书记对黄岩的另一大贡献。

黄岩县人均不到六分耕地，西部山区的耕地更少。旧的体制，农民种田，从事农业生产，都捆在土地上，人均六分的土地任你精耕细作，泥土磨成粉也富不起来，必须把劳动力解放出来。劳动力是最大的财富，劳动力不解放农民怎么富得起来？所以他那个时候思想甚为解放，把农民致富的目光引向全省、全国，组织农民去乡镇企业发达的萧山务工，学习些东西，将来自己可以有能力发展。他和远洋公司联系，挑选年轻的、有文化的人，让他们出去打工，既解决了劳动力出路，又能了解了外面世界的行情。茅畲乡上横村农民应明富带着五六个人到上海东海农场种了一百多亩西瓜，丰产丰收，第二年，发展到茅畲乡三千六百多位农民出去种瓜。种瓜成了黄岩人在外的一个产业，现在黄岩在外的瓜农就有四万五千多人，遍布全国20多个省市自治区，每年赚回来的薪酬有几十个亿，是黄岩农业产值的21.6倍。

1986年，浙江省农业厅厅长孙万鹏（右一）兼任黄岩市委书记时下乡调研

孙万鹏同志不怕风险，敢担当，擅解棘手问题。1985年12月黄岩建工系统召开表彰大会，一千多名代表参加，有几十个成绩突出的先进人士戴大红花受奖。然而，第二年却有四五个坐牢，“头年戴红花，次年入狱判刑”，为此，群众反应强烈，极大挫伤了企业发展的积极性。孙书记首先发现了路东市政工程公司经理叶洋友的问题。路东市政工程公司在上海承揽了上海市“市长工程”的地下水排放项目，这个项目任务重，又脏又臭，一般人都不愿意接手。然而，路东工程队敢啃硬骨头、不怕辛苦，“干多一点儿，收入多一点儿，每人分配多一点儿”。可这种分配方式却被人说成是

“私分”，总经理被判了六年徒刑。为此，孙书记亲自到上海工地了解情况，通过法律手段，把问题甄别清楚。然后，台州市法院重新审理，认为对叶洋友的定罪不当，撤销原判，至于多收入部分则让缴了所得税，这样就使棘手问题得到了圆满的解决，在社会上影响很大。

孙万鹏同志在全县干部大会上把这个事情说明。他说乡镇企业是现代农业之光，要全力支持，乡镇企业发展中存在的问题，要帮助它们不断完善，总结经验，不能一棍子打死。绝不能做“总结经验可以上北京，搜集材料可以判徒刑”这一套，必须坚持“实事求是”。由于解决好了几个典型性的问题，带动了一大片企业发展，大家的积极性又被调动起来了。

孙万鹏书记善于创新，在黄岩提倡“一品化”活动。在产品短缺时期，黄岩发展经济曾一时出现“萝卜快了不洗泥”的情况，只注重产量，不注重质量，产品没有标准。而推广“一品化”，则要求高标准，创一流，实施计量标准，提高产品质量。开始，有些群众不理解，误认为“一品化”就是搞单一产品，有些抵触。他大力宣传“一品化”活动的目的和意义，县委发文在各行各业要全面开展“一品化”活动。

现在看来，注重产品质量，重视产品标准，鼓励开发新产品，创品牌，创名牌，助推了黄岩经济高质量发展。一些群众反映，重视质量的“一品化”，使黄岩受益匪浅。

2018年，李克强总理考察黄岩模具博览城时，对黄岩高质量发展、创新给予了充分肯定。

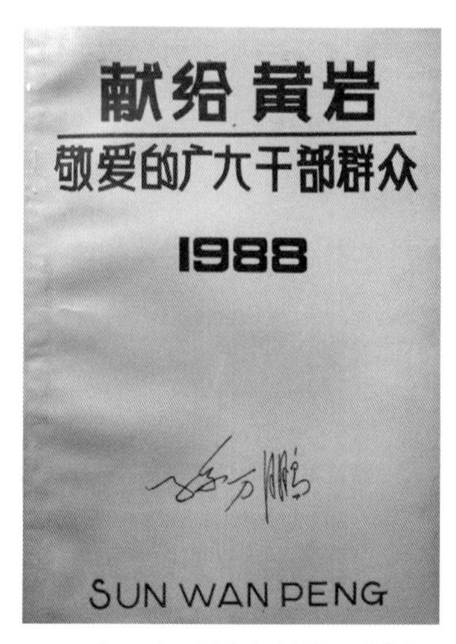

1988年，孙万鹏离任黄岩县委书记后写的小册子

2006年，中国文史出版社出版的《潮起橘乡》

谈我的丈夫孙万鹏

吴文上

孙万鹏、吴文上夫妇

一、孙万鹏面对疾病

我与我的丈夫孙万鹏，是原浙江农业大学（现浙江大学）植物保护系1959级的同班同学，相濡以沫50多年，他了解我，我也了解他，我们是共同生活在灰学世界里的人。对他，我的认识是：

（一）癌症吓不倒的“自强不息”的人

元代无名氏在《货郎旦》中说：“福无双至日，祸有并来时。”1988年，我们家遭受了我有生以来最大的不幸。孙万鹏的父母先后被癌症夺走了生命。嗣后，孙万鹏与妹妹孙梅兰又几乎同时被查出了肝癌。一年多以后，梅兰就离开了人世（截至我2018年重新整理该文时，孙万鹏的父母、弟妹共4人被查出癌症）。真是“世间无限丹青手，一片伤心画不成”（唐·高蟾《金陵晚望》）。

吴文上与孙万鹏年轻时的合影

1966年，孙万鹏、吴文上结婚照

1963年，吴文上（二排右六）、孙万鹏（三排左五）大学毕业合影

孙万鹏、吴文上收藏邓聚龙的部分著作

孙万鹏上了手术台准备手术，又自己从手术台上下来，断然决定放弃手术、化疗、放疗等常规的临床治疗。万鹏含泪对我说：“不能吊死在一棵树上。”深夜，老孙拿着世界灰色系统理论创始人邓聚龙的著作，给我分析说：“在思维中，白是唯一，黑是无数，灰则是非唯一。”[1]

“之前父母、妹妹的化疗、放疗都未能取得成功，我想，至少在目前的‘短点’上，我应该另辟他途。”于是，老孙就学起了《黄帝内经》。很快，他从《黄帝内经》中看到了希望。

“人遭不幸，希望就是救星。”（【古希腊】米南德）

一次，老孙对我说：“梅兰妹在查出癌症前，身体状态并不差，但得知患有癌症后，立即变了个人，显得萎靡不振，一下子觉得没有了希望，急于安排后事。于是，出现了一系列错误的生活方式，吃不进，睡不安。”万鹏说：“梅兰妹多半是被吓死的。”老孙还做我的工作：“文上，你也不要怕！我不会很快离你而去的。我要学《易经》说的‘天行健，君子以自强不息’，与病魔作斗争，战胜病魔。”老孙是这样说，也是这样做的。他不断总结我国几千年来养生保健的经验，先后对我谈到他逐步萌芽的“十论”。如“改错论”，他说：“不能吃不进，睡不安，要合理膳食，提高睡眠质量。”为此，他还练习“腹式呼吸”，促进睡眠。谈到“固本论”，他说：“肾为先天之本，脾胃为后天之本。”他要我帮他找一找固本的方剂。谈到“营卫论”，他说：“《黄帝内经》对营卫循行有广泛深入的探讨：营行脉中，卫行脉外，营属阴，卫属阳，阴阳相贯，如环无端。”他认为营养的重点是食疗，“卫”是提高免疫防卫。谈到“元气论”，他认为元气应与后天的水谷之气、呼吸之

1. 邓聚龙．多维灰色规划［M］.武汉：华中理工大学出版社，1989：2.

气、自然之气一起补充，维持人的生命，人无元气万药不灵。他谈到“经络论”与按摩相关经络穴位的价值，后期还谈到了“舞动论”“骨髓论”“短板论”等。

（二）有学问日富，笔耕百万驱病魔

孙万鹏在自强不息、养生抗“魔”的同时，不忘邓聚龙教授的委托，从哲学的高度阐释灰色系统理论。孙万鹏在中央党校专修过哲学，饱含哲学家的气质。“哲学就是爱智慧，对智慧的追求和探索；哲学家就是爱智者，智慧的追求者和探索者。哲学不仅要思考自然、大宇宙，它也关注人的心灵、小宇宙；哲学家既观天、考察灿烂的星空，也察地、关注市井和人生。哲学家要有把天地想得透彻的能力。哲学是一门自由的学问，为了知而求知，求知爱智不受任何功利的驱使，不被任何权威所左右。哲学家任思想自由驰骋，任智慧自由翱翔；同时哲学家又对真理异常执着，愿意为坚持真理而死，就像夸父去追赶太阳。哲学是时代精神的体现，是一个时代的精神桂冠或精神旨归。哲学家既是一个时代的呼唤者，又是一个时代的批判者。哲学家既是一个守夜者、一个敲钟人，哲学家又是一只牛虻、一只猫头鹰。一个时代不能没有哲学，更不能没有哲学家，一个没有理论思维的时代和一个没有理论思维的民族是可悲的、是荒芜的；一种哲学和

1988年，孙万鹏在病中整理灰理论资料

一个哲学家也不能离开他的时代、他的民族，离开了时代和民族的哲学和哲学家是空洞的、没有生命力的。一个时代能够产生哲学是这个时代的幸运，一个哲学家能遇上一个好时代那是他的福气。”[2]孙万鹏正如冯俊先生所说的不像文学家、艺术家那样被大众所熟知，他是寂寞的、孤独的。他也不像企业家那样享受现世的荣华，但他是幸福的，因为他在理智的沉思中得到了常人无法理解的快乐。孙万鹏对我说：“以前我忙于上班工作，时间难以掌控，现在，我可以兑现对邓聚龙教授的诺言了。”1990 年元旦刚过，孙万鹏开始动笔创作灰学的第一部24万字著作《表现学》。第一炮就打响，1991年8月《表现学》被华东地区优秀图书评选委员会评为一等奖。

时间在一分一秒地流逝，一行行睿智的文字又从他的笔尖汩汩流出……1992年，32.8万字的《调查学》、25.5万字的《改革学》和 30.2万字的《选择学》出版；1993年4月，25万字的《灰色综防学》出版；1996年10月，28万字的《灰农学》出版。

说来奇怪，此时的“病魔”似乎被老孙的“综合防治养身”的理论与实践“震住”了，慢慢变“老实”了。说实话，万鹏是在一种近乎悲壮的气氛中写作的。那时，家里的两个儿子都没有工作。儿子希望父亲在世时，能给他们找个工作。结果，老孙给他们写了张条子，上面有几句话：“流自己的汗，吃自己的饭，自己的事业自己干。靠天靠人靠祖宗，不算是好汉。”当时，老孙虽说是正厅级干部，由于身体不好，被调到水稻所工作了一段时间，工资比农业厅科级干部还低。在养病期间，家庭费用有所增加，我曾向十多位同事与邻居借过钱。后来，一位干部劝我们借领导干部扩大住房面积的机会，接受大房子，然后转卖掉赚些钱维持家用，结果被老孙严厉批评了。他认为人不能不知廉耻。老孙为此给我说家训：“有补于天地者曰功，有益于世教者曰名，有学问曰富，有廉耻曰贵。”为此，在大多数同级别的同事都搬进了大房子的今天，我们仍住在30年前没有电梯的五楼老房子里。[3]

他的这种“有学问曰富”的理念，给我极大的教育与鼓舞。一次，儿子抱怨说：“我中学的同班同学，父母都是一般干部，却给他们的两个儿子每人留下一套房，你们……”我接茬说：“你应该为你们有这样的父亲而感到自豪。你父亲拖着病体，却给我国科学、哲学的园圃中增添了一朵千万字

2. 姚新中．哲学家 2017［M］. 北京：人民出版社，2018.
3. 2021年，在省政府政策资金的支持与邻里们的共同努力下，“电梯梦”实现有望。

的奇葩——灰学。来自全国26个省、市、自治区的专家学者都给予了高度的评价，科学大师钱学森院士对你父亲的研究成果给予赞赏和支持。这不只是对我中华民族的重大贡献，更是对世界、对人类的独特贡献。这难道不表明我们家的富有吗！”

二、孙万鹏的为人、做事

（一）当了一辈子的“穷官”

他当过处长、局长、厅长、书记，但是，当处长时是穷处长，当局长时是穷局长，当厅长时是穷厅长，当书记时还是穷书记。

就说当厅长时的情况吧。我这个厅长夫人，每月发工资前，经常要向楼上、楼下邻居借上五元十元钱周转一下，到发工资时再归还。说万鹏同志的开支大吧？其实他既不吸烟，又不喝酒。为了省点儿钱，还去购了把八块钱的理发剪，由我给他理发。原因很简单，他在当厅长以前，任浙江省农垦局副局长（副厅级）时，就是个“穷底子”。记得我们的一位朋友金连庆同志（省政府原副秘书长、省工商局局长）就曾经多次劝诫我们：年终时要存上200元钱才行呀！可是，我们确实很难做到。一是因为老孙认为“文官不贪钱，武官不惜死”，这是对封建官员的要求，而共产党人至少要比封建官员做得好些。因此，有时出差回来差旅费开支不报销，给群众复信（公事）也往往自己掏钱买邮票，诸如此类的事是常有的；二是老孙家与我小哥哥家都要寄点儿钱接济；三是两个孩子长时间都是待业青年，需要负担。[4]所以，生活并不宽裕。说实在话，老孙当厅长时，家里除了老孙考察日本时组织上允许带回的一台彩电外，其余家具总务部门估价总共只值150多元。1990年年底，老孙身体不好，省委、省政府领导为了照顾他的身体，要他搬到弥陀寺省府后院的宿舍居住。那边离医院近，有利于养病。搬家时大家都搞装修，由于我家经济底子薄，装修有困难，结果单位职工、邻居十四五位同志，每人拿出三四百元、七八百元帮忙，总算让我们搬进了新居。这些借款以后才慢慢还清。

（二）当官从来不搞特殊

他一身正气，从不为己、为“小家”搞特殊。1981年，在省农垦局当副局长时，他老家的房子部分坍塌了。他的父母从温州赶到杭州，要他们

4. 小儿子孙海峰1994—1997年间自费在树人大学读本科。

当副厅级干部的儿子想办法买些水泥来修葺。当时水泥供应很紧张，指标控制很严格。结果，他给父母做了耐心细致的工作，说明那些属于他管的水泥是分配给国有农场的，不能挪用。父母亲开始有些生气，后来经过解释，慢慢也想通了，觉得当领导的，不给亲属搞特殊是应该的。由于我父母亡故得早，哥嫂是最亲的人。我的哥嫂和侄子在德清时曾提出请求，希望能帮助他们调到杭州工作。但是，老孙认为，调动工作要走正路，要符合政策，不同意走后门搞关系。久而久之，哥嫂和侄子知道了老孙的脾气，也就作罢了。又比如前面提到的儿子们希望父亲帮忙安排工作，却得到老孙的训诫，郑板桥的那句话压在家里的玻璃台板下面，成为他们对照检视的标准。

当然，亲戚朋友对老孙的做法也有不理解和不体谅的。我的一个表姐，费了好大劲从江西调到了杭州，但是却被安排在杭州郊区工作，进城不方便。一次，她得知老孙得到省领导的照顾，从农业厅宿舍搬到弥陀寺宿舍，就提出来可否把原来的房子给他们借住一段时间。老孙没有这样做，因为他考虑到农业厅宿舍有统一安排，自己多占了一套宿舍就会给农业厅住房分配工作带来困难，结果还是把老房子的钥匙交还给了农业厅总务部门。表姐一家从此赌气不再来往。直至1995年我的姑父病逝，老孙主动帮助，自己出车钱给送火葬场、公墓，我们和表姐家的关系才有所缓和。

（三）重视教育、人才，是一位“伯乐”

老孙对“当前世界上商品经济的竞争，实质是人才的竞争，归根结底是教育的竞争”有着深刻的认识，因此，对教育工作倾注了较大的心血。这一点黄岩的同志大概是清楚的。1987年第5期《瞭望》周刊做过报道，1989年出版的《黄岩史志》第二辑上也有记载，这里我就不多说了。

下面，我举两个他重视人才的实例。一位是德才兼备的俞仲达。俞仲达原是下放到余杭南湖农场的杭州知青，1984年被推荐到农业厅主管的农村干部管理学院农经系学习。老孙根据班主任刘老师的详尽介绍，分析了小俞的发展前途。他一方面派人事处处长到余杭区调查、商调小俞，另一方面，又亲自两次到余杭做县委书记的工作，调小俞到农业厅。老孙自己挂职兼任黄岩县委书记时，又把小俞带到黄岩锻炼。1994年双推双考副厅级干部时，小俞成绩优异，被作为后备年轻干部推荐给省农办任副主任，后任省供销社主任，后又成了各方面都备受好评的浙江省政府办公厅主任。

另一位是顾益康。老孙1983年任省农业厅厅长兼党组书记时，小顾是一个颇受争议的干部。有人把他说得很好，有人把他说得一团糟。为了搞清情况，老孙亲自到计财处调查。由于小顾当时分管物价工作，老孙又到省物价局了解他们对小顾工作的看法，还向有工作接触的农业部政策法规司了解，结果了解到小顾是一个工作上很有创见的干部。省物价局反映他运用资本论研究物价有独到见解，农业部政策法规司准备推荐他为全国优秀中青年专家。有人对小顾有意见，认为他经常写一些与专业无关的文章是“不务正业”，这种认识是片面的。实际上，他的正业搞得很出色，又写了些很有见地的农业经济方面的文章，这是无可非议的。老孙为了进一步了解他，还约他一起骑着自行车出差，通过一路谈话进行考察，了解他的德才。回来以后，就果断地任命他为政策研究室副主任（副处级）。1994年双推双考副厅级干部时，小顾表现出色，名列前茅。1995年到北京中央财经领导小组参与起草中央文件时，被中央有关部门看中。现在，顾益康同志，已经是正厅级干部了。

另外，老孙去黄岩兼职时带在身边的姚志文（后成了浙江省委组织部副部长、省人才办主任）和赵兴泉（现在是浙江省政府参事，浙江省农业厅原党组副书记、副厅长、正厅级，现担任浙江省农函大校长、省农村发展研究中心特聘研究员、浙江农林大学特聘教授、浙江大学客座教授，受到浙江省政府的表彰）。

三、孙万鹏的精神力量源于好学

老孙在大学里就是勤奋好学的典范。在大学图书馆里，他经常下午进去，忘记出馆，到第二天早上才出来，这使图书馆的管理人员惊叹不已。在大学的几千名学生中，他以第一名成绩被录取，又以为数极少的全优生身份毕业，是位佼佼者。他的毕业论文在众多教授的考问下，得到满分。他不仅学习好，而且还是校学生会常务执委兼体育部副部长。

他在中共中央党校学习时，也总是把星期天交给图书馆。他做的3000多张学习卡片，被党校领导陈列在图书馆大厅前供人阅览。

他在下放长广煤矿期间（1970—1973年），把那里图书馆里的藏书看了个遍。为了丰富矿工们的文化生活，他写了一个京剧剧本、一个越剧剧本、一个锡剧剧本、一个话剧剧本，受到了矿区群众的普遍欢迎。后来，老孙的创作活动被文化部门领导重视，他就与著名剧作家、时任浙江省文联主席顾锡东合作搞创作，并指导各县文化站的文艺创作。

他在省农垦局工作期间，为了利用大面积的海涂荒地，开展了飞机立体栽培试验。他虽然从未接触过这项工作，但经过一段时间的钻研，还是很快研究出了一整套航播技术，被北方一些大垦区所采用，为航播谱写了新的篇章，载入了农用航空的史册。

在省农业厅工作期间，他率先发展了开放型农业，并建立了农业促进委员会，促进了颇有成效的交流，被省外事部门当作成功经验加以推广。十多年来，农促会的活动一直延续至今，从未间断过。在农业厅工作期间，他还创办了《农村信息报》，这是全国各省农业厅的第一张报纸，发行量十五六万份，而且多次被评为优秀报刊。

在黄岩工作不到两年，他在勤政廉政等方面得到了广泛的好评。他签发的全国第一个保护和规范股份合作制企业的政策性文件——中共黄岩县

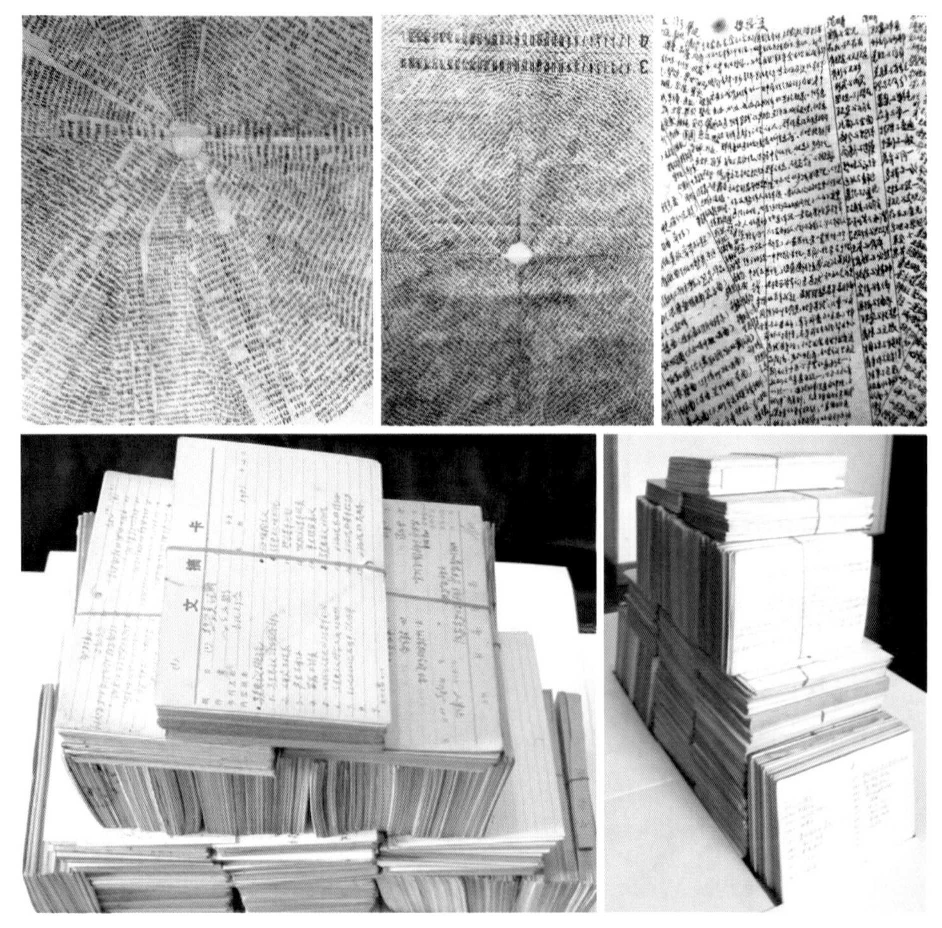

孙万鹏在党校学习的笔记和学习卡

〔1986〕69号文件，被党的十五大写进会议报告，正式载入史册。

在病魔缠身、三位亲人连续被癌魔夺去生命的悲痛日子里，他顽强战病魔，潜心做学问，被新闻界同志称为“最后的冲刺”“最后的贡献”。时任《浙江日报》副秘书长的李丹说：“中国的知识分子，往往就是在生命攸关时显示出刚毅本色，其大智大勇才得到最完美最深刻的体现，其忧国忧民之心亦得以生动显示。司马迁在《报任安书》中所写：‘文王拘而演《周易》；仲尼厄而作《春秋》；屈原放逐，乃赋《离骚》；左丘失明，厥有《国语》；孙子膑脚，兵法修列……《诗》三百篇，大抵贤圣发愤之所为作也。’万鹏先生虽非圣贤，但他笃信正义，早将一身许以谋大众幸福，因而能以‘为人民服务’为宗旨的精神直面人生，直面癌症，在重病缠身的两三年里，依然上下求索，孜孜不倦，以自己广博的学识，以对人生的全部领悟，以满腔心血栽培了一束灿烂的思想之花。”

作为孙万鹏的妻子，我对他应该是最了解的。他经常忍着疼痛伏案写作，多次昏厥过去，醒来又继续。我看到他的情形，心如刀割。说实话，我偷偷地流了不少眼泪，一方面为他的精神所感动，另一方面也为他虚弱的身体担心。我经常劝他多休息，身体要紧，而他却说：“人的生命是短暂的，时间就是生命，我的确已经到了和时间赛跑的时候了，不能再白白浪费时间了。”确实，他是我的爱人，又是我的良师益友，我总是尽自己的力量关心和照顾他，因为我懂得他著作的分量。这些光辉灿烂的作品，不仅仅是他个人的，我想它是属于国家的、社会的，是属于全人类的。

我相信孙万鹏灰学（灰熵学）的贡献是具有深远文化意义的。正如邓聚龙教授所说的：“它是一颗文化原子弹爆炸。”也正如省委党校学术委员会主任魏益华教授所说的：“西方人可以建立系统论、信息论、控制论、耗散结构论等极为有价值的学说，难道中国人就不能在吸取现代科学的成就的基础上，建立新的灰学理论吗？”[5]

回首孙万鹏同志的人生路程，可以清楚地看出他可贵的实事求是精神，勤奋好学、刻苦钻研的拼搏精神和干一件事就要干好的实干精神。正如老孙的同事所评价的：“孙万鹏同志，做人顶天立地，光明磊落；做官勤政廉政，深得民心；做学问精益求精，实事求是，锐意创新。”我认为，这个评价是恰如其分的。我为有这样一位丈夫而感到自豪。

5. 孙万鹏．孙万鹏灰学文集Ⅻ卷评议集［G］. 北京：民主与建设出版社，2019.

我与父亲的“灰”宝贝

孙海峰

孙海峰：浙江大学建筑设计研究院有限公司
室内装饰设计一所所长、高级工程师

作为父亲的二儿子，其实我很小就已经接触到了灰学。那是在我读幼儿园的时候——由于爸妈工作忙，根本没有时间照顾我，于是把我送到杭州武林门机关幼儿园。我一周有六天住在幼儿园。有天晚上，从楼上下来，看见幼儿园的电视机上正在播放着父亲讲话的视频，觉得很亲切。

我跟老师和小朋友们讲：“看到了吗，刚才那个讲话的是我爸爸。”那时的我懵懵懂懂，但言语中透露着些自豪感。事实上在我的幼年期，父亲已经是工作上的领导，已经将他的理论和思想运用在工作中了。我今年47岁了，在浙江大学建筑设计研究院做室内设计的工作，而父亲当年在我这个年纪已经任浙江省农业厅厅长了，他已经在工作中运用了灰学的精神和思想，包括领导学、价值学、调查学、农学、建筑学、灰熵学等，并已取得了不小的成就。

我目前从事的是设计领域的工作，也同样在工作中运用到了灰学。灰学不是折中，而是一种灰度。我在设计工作中经常会遇到各种各样的难题，我运用了两种技巧：第一是父亲的灰学精神，第二才是父亲的灰学理论。父亲的灰学精神告诉我没有过不去的坎，而灰学方法在设计领域是有效的。我在与客户沟通的过程中产生不同意见时，会运用灰学的方法应对，大而不同，综合各种意见和想法，过与不过都是不好的，要恰到好处。最终客户很满意。

我在生活中也是这样，过于激烈的矛盾存在一般就是有问题的，因为发展的意义是协调和持续性，那么不协调就是问题。拿装饰设计来说，有一个物品，画也好、柜子也好、物品也好，若放在空间之中，看着别扭了那就是不合适了。建筑风水也一样，说了那么多的所谓金木水火土，其实也就是要协调和舒服。坐在办公室里，透过玻璃窗正好看到对面两栋楼的中缝，或是对面的楼离你很近，挡住了你的视线，也挡住了你的思维，你觉得舒服吗？灰学其实可以理解为“协调”的意思，就是我们平时所说的“度”。将灰学应用到我的设计上就是：尺寸、颜色、大小、高低、明暗、位置、距离、材质的软硬、上下、前后、内外、长短等。我将灰学运用起来，并将一直用下去，希望对大家也有所启发。

我会按着父亲给我的这个“灰”宝贝，去聪明地生活和工作，不辜负他的期望。

孙海峰近年部分作品

祛病健身“十论”：调和的智慧[1]

孙诺亚

1998年10月5日，孙诺亚与爷爷奶奶在杭州花圃

2017年7月初，《杭州人手册》编委会发文，邀我执笔为王济民先生主编的《我的健康我做主》一书撰写一篇有关我爷爷孙万鹏抗癌故事的文章，于是我写出了《如何用心理意念战胜病魔——从癌症患者到灰学创始人》。

说实话，癌症使我家陷入了“空室自困坷”之中。爷爷说，自他1987年患病至今30年来，已有数百上千人通过各种方式咨询他是用西医或是中医治愈，甚至具体到服了什么药等问题。他说这真是难以回答。有人反问：“这有什么难的，按事实说即可。”可他觉得，实事求是地说，他的病既不是靠西医，也不是靠中医治愈的，而是靠“第三医学”治愈的。由于他最近正在整理1000多万字的《灰学合集》，忙得不可开交，我不忍再打扰，于是在奶奶的指点下，我找到了他的一段讲话作为小引：

1. 此文写于2017年8月，原标题：谈爷爷抗“ca”及家风——我爷爷孙万鹏的祛病健身“十论”。

如果说，西医是医学领域的第一种科学——西方经典科学，世界各国的传统医学，则是扎德（Zadeh,L.A.;1921—2017）的模糊科学（有时模糊往往更为准确）。那么，“综合养生”的非毒保健，是克服日益严重的医源性、药源性疾病的第三医学，它融预防、保健、养生、康复等为一体，通过继承与创新发展成为一种全新的医学体系。如果说，辨病施治是以病为本，辩证施治是以证为本，那么辨人施治是以人为本。正如中国北京中医药大学核医学主任医师周新建所说，第三医学是“人性化全息治疗体系的最高境界，是医学发展至今尊重人性，以人为本的必然产物。进入21世纪，第三医学成了与东西方医学并驾齐驱的医学体系，为现代疾病治疗注入了新鲜的血液”。[2]

在爷爷看来，第三医学的核心内容为“十论”，他结合自身体验，做了如下介绍：

（1）改错论：主张健身就是改正导致疾病的错误生活方式和负面情绪。除了对“合理膳食、适量运动、戒烟限酒、心理平衡”的强调外，还重视对负面情绪的疏导，以“修德、修心、修性”为解决问题的核心。爷爷被医院确诊为肝癌后，躺在病房里感慨万千。他想到自己43岁被任命为浙江省农业厅厅长（当时全国最年轻的农业厅厅长，浙江省最年轻的正厅级干部），他想到了自己在中央党校学习时，受到前后任校领导胡耀邦与王震的关怀，以及时任第一副校长、原清华大学党委书记蒋南翔将自己上千张学习卡片置于中央党校图书馆大厅展出的情形，想到自己为同学唐某（后任某省省委常委、公安厅厅长）作辅导等画面，意识到自己的心态患病了，开始骄傲了，继而出现急于表现自己的过度情绪，导致肝火旺盛，如果不及时纠错，将不利于病情好转。

（2）固本论：主张肾脏是“先天之本”，脾胃为“后天之本”。他意识到肝癌产生绝不是孤立的，从整体思维分析，“先后天两个本”必须得到重视，这与他大学学习的植保综合防治方针是一致的。基于这种认识，凡有利于肾脏与脾胃保健的方法，他都开放地尝试，如服用山楂等。

（3）骨髓论：在家庭病房，爷爷通过学习得知骨髓健康是健康的源泉，认识到每秒约有800万个人体细胞在经历死亡和诞生的背后，骨髓扮演着生产者的角色。为防止骨髓的急剧退化，他坚持服用被称为“补血之王”的

2. 摘自孙万鹏在第52届世界传统医学大会上的讲话。

三七粉。

（4）营卫论：“营”（营养）以食疗为重点，即“厨房为重，药房为轻”，不盲目进食补品；在“卫”（免疫防卫）上，我爷爷也有独特的观点，认为：现代医学对人体免疫系统存在多个误区，如由免疫细胞充塞而成的盲肠能抵抗下腹部的各种感染，绝不应该同扁桃体（也是免疫系统的一部分）一样被视作可有可无之物而轻易割除。所以，他拒绝盲目开刀动手术，而增强人体免疫力才是最佳保健之道。他还说，癌症患者是吓死的。爷爷的亲妹妹孙梅兰，在检查出癌症前毫无病态，可一听说患癌，心理就垮了，急于给自己安排后事，连走路都要扶着墙壁，请那时正巧来访的加拿大白求恩医疗代表团会诊也无济于事。爷爷还说有两个认识的人，一个患癌，一个健康，但“阴差阳错”，健康者被戴上癌症帽子，很快被吓死了，相反，另一个真患癌者，“无病一身轻”，出去旅游了，乐观的心态增强了人体免疫力，癌症不治而愈。人在恐惧与高兴时，会分泌不同的物质，直接影响免疫力。

（5）平衡论：爷爷对平衡论情有独钟，认为心理学家海德1958年提出的平衡论（又称P-X-O论）可以应用到对疾病产生的解释中。其中P表主体、O表客体，X是介于P与O之间的第三者（可以是人、观念、物体或事件），三要素之间的关系可用一个三角形来解释——两两要素间的关系有两种形态：情感关系与单元关系。情感关系指一个人对态度对象的感受与评价，有消极和积极之分。就像对癌症的态度有颓废与勇敢面对的区分那样。若以海德的三要素平衡来说，即三边关系符号相乘为正，是平衡态，反之为不平衡态。若从灰学的“非唯一性”定理看，要重视心理平衡与生理平衡（如营养平衡）。以酸碱为例，纯酸性食物（糖类、蛋白质和脂肪）是人体能量不可或缺的来源，但一旦过剩却会成为百病之源，而纯碱性食物（维生素、酵素等）具有养身祛病功效。日常酸碱食物一般为二八开。

（6）元气论：祛病健身时元气甚为重要，可谓“人有元气百病不生，人无元气万药不灵”“元气，所受于天，于谷气并而充身者也”。可见，对人来说元气是一个定数，与水谷、呼吸、自然之气一同补充，来维持生命。印度古典医学说认为，人体生长发育的精微物质，随细胞中DNA分裂复制与传承，变成后天元气。爷爷在康复期，喝“保元汤（清乾隆年间太医为皇族特制的药膳方）”达376锅，以防止疾病复发。

（7）经络论：经络虽然看不见、摸不着，但确是一种隐性的、在活肌体系统中的存在。它是针灸的理论基础，无论在我国的《黄帝内经》，或印度外科经典的《妙闻集》中，都有对它的详细阐释。多少年来，我爷爷每天都保持着经络穴道按摩、泡脚等祛病健身的习惯。

（8）舞动论：包括多种针对不同内脏的健身法。如：护元提肛法（养肾）、鲤鱼打挺法（健脾）、孙猴挠痒法（调心）、顶天立地法（疏肝）、打开天窗法（宣肺）等。这些都属于“无毒治疗”法。

（9）气质论：据邓聚龙教授灰色气质理论，通过 DM（1，N）模型折射的气质，呈现不同的气质度。例如阿育吠陀将人体气质划分成 vata气质（瘦弱、皮肤干燥）、pitta气质（易出汗、大便通畅、富有激情）和 kapha气质（骨架粗、头发多且有光泽）。不同气质，需不同对待。我爷爷根据自己的气质，常服绞股蓝[3]。

（10）短板论：将人体、人与天地、人的脏腑看成天人合一的整体，指出人体的健康水平并非取决于机能最好的内脏，而是最差的内脏。集中精力解决最差的，好比补足盛水木桶的短板。

根据爷爷的表述，上述“十论”在帮助他祛病健身、战胜癌症的历程中都起着不可或缺的作用。

3. 绞股蓝，日本称之为甘蔓茶，性味：味苦，微甘，性凉。归经：归肺，脾，肾经。功效：益气健脾，化痰止咳，清热解毒。系补虚药、化痰药、清热药。在1986年国家科委“星火计划”中被列为待开发的“名贵中药材”之首位，2002年3月5日国家卫生部将其列入保健品名单。

谈我的爷爷孙万鹏

孙诺舟

孙诺舟（右）：杭州云谷学校初二学生

从小到大，我看到爷爷总是手不释书，常常读书入迷忘了时间。他爱书，把书当作宝贝一样，房间的书柜里都摆满了书，而且都是整整齐齐，一尘不染，以至于拿书都是格外小心，生怕把书弄破了。

爷爷不仅喜欢看书，还喜欢创作。他写过许多作品，有 30 余部约 1000 多万字。

爷爷还喜欢出国旅游，虽然这么大年纪，但精神十足，和奶奶一起周游了 50 多个国家，这可让人赞叹不已。

记得有一次，爸爸带我去看爷爷，进了屋子却不见爷爷的身影，奶奶告诉我爷爷在书房。我悄悄走进书房小声叫爷爷，却没听见爷爷回应。我想爷爷一定是沉浸在知识的世界里，连我来了也不知道。

爷爷也常常教育我们要多看书，书中的宝贝，比金银珠宝还要珍贵。我按着爷爷说的，每天都坚持阅读，在书的海洋里寻找宝贝，在知识海洋中我感到无比快乐。

爷爷的名字有着深远的含义，他生下来时太爷爷就给他取名为万鹏，希望爷爷是孙家的大鹏，鹏程万里，一帆风顺。可爷爷的人生并不顺遂，在47岁那年他患上了绝症，得了肝癌，医生说只能活一年。在治疗过程中爷爷不断地与死神交战，肝部常痛得让他受不了，但爷爷依然坚持研究，经常用辣椒让自己清醒。爷爷还拒绝做手术，以吃草药来缓解疼痛。在爷爷的坚持不懈下，他终于完成了许多伟大的著作，也成功逃离了死神的魔爪。

爷爷也为国家立了不少功，中国在制造高铁轴承时就运用了爷爷的灰学理论。

我要以爷爷为榜样，学习爷爷的精神，长大以后像爷爷一样给国家立功，为祖国争光。

我希望自己长大后也能成为像爷爷一样的人，让爷爷以我们为骄傲！

孙万鹏、吴文上夫妇家中书柜一角，摄于2019年

聆听家训故事，传承家风力量

孙诺言

孙诺言：杭州文海实验学校初一学生

我想说说我眼中的灰学创始人——我尊敬的爷爷孙万鹏。《浙江好家风》开篇便道："人必有家，家必有训。"我们家族的家训是"有补于天地者曰功，有益于世教者曰名，有学问曰富，有廉耻曰贵"。我的爷爷——灰学创始人孙万鹏带领我们一直践行着孙家家训。

从我记事起，爷爷总是手不释卷，他房间的三面墙上摆满了书。爷爷每天看书前总是先将手洗好，再把书桌擦得一尘不染，才把书从柜子里拿出来。

记得有一次，我叫爷爷吃饭，都叫了三遍了，还没有回应。我急匆匆地跑进书房，发现他还在看书。我走近爷爷，抱了他一下，他才缓过神来。"爷爷，爷爷，您都这么大年纪了，还总是看书啊？"爷爷摘下鼻梁上的老花眼镜笑着说："书里有宝贝呀，只有爱读书的人才能得到。"

书里有什么宝贝呢？从此，我便在书里寻找宝贝。每天我都徜徉在书的海洋中，的确同爷爷所说——书，是一座快乐的宝藏！静夜抚卷，独享其乐！

正是这样刻苦勤奋的积累，爷爷至今已公开出版著作33部，约1000万字。钱学森大师给爷爷写信肯定他的成就，刘云山等党和国家领导人接见爷爷。被誉为“大国工匠”的陈广胜，在制造高铁轴承时就运用了爷爷的灰学理论，打破了外国对我国的技术封锁和限制，使高铁与大熊猫一样成了我国的“国宝”。

看到这里，您会觉得我的爷爷是被幸运之神眷顾的人。直到我读到记录爷爷生平的传记——《生命之树常青：灰学创始人孙万鹏传奇》，我才了解到爷爷那时是一个身患绝症、医生宣称只能活一年的肝癌病人，是阅读和写作让他鼓起了与病魔斗争的勇气！爷爷的大部分著作是在患病期间完成的，有时肝部疼痛异常，豆大的汗珠从头上滚落，甚至痛得昏过去。可即使这样，爷爷也没有停止研究。几乎每次写作时他都要擦清凉油提神，如果还不够刺激，就嚼一个干辣椒，辣得头上直冒汗。为了加快写作速度，为了与病魔争夺时间，爷爷找来木棍抵住肝部，以减轻疼痛。如今，桌沿

孙诺言在“好家风”演讲现场

上的那个深窝窝成为爷爷顽强的见证。

“爷爷，您是我心目中的英雄！您的武器是知识和坚强的意志！”爷爷却和蔼地说：“孩子，爷爷是平凡的，在经济上并不富裕，但我精神上是富足的。我希望我们孙家子孙都是对社会有价值的人。”我想这不正是我们的家训“有助学问者曰富”嘛！

小家塑造大家，大家塑造国家。爷爷，您的精神值得学习，我要以您为榜样，学无止境，用自己的小能量助力家风生命之树常青，做一个对社会有价值的人，为家族争光、为祖国出力。

“读书明理天地根，学生重德背水阵。初学之人贵于博，继习精进报露恩”——这是爷爷对我和当代少年的期望。

第四部分

附录

附录一

孙万鹏简介、孙万鹏与吴文上著作年表

一、孙万鹏简介

孙万鹏，1940年生，浙江温州人。1963年毕业于原浙江农业大学（现浙江大学）植物保护系，1983年毕业于中央党校。系灰学创始人，研究方向为复杂灰色巨体系、灰熵学等。发表论文200余篇，出版著作12卷33部，约1000万字。2004年，其家庭被评为杭州市“十大书香人家”之一。与贤内助吴文上曾获国家级科技进步奖1项，省部级科技进步奖、优秀科技成果奖等12项。2008年纪念改革开放30年时，因签发全国第一个保护和规范股份合作制文件，被党的十五大写进报告，载入史册。曾任浙江省农垦局副局长，黄岩县委书记，浙江省农业厅厅长、党组书记，中国水稻研究所党委书记，浙江省科技咨询中心顾问，全国灰色系统学术委员会主任，中国水稻所理事会第一、二届理

孙万鹏部分著作

事、副理事长等。曾获中国管理科学院“管理科学终身成就奖”，为瑞典皇家艺术学院荣誉博士，英国皇家艺术研究院荣誉院士、客座教授。2008年至2016年，游历考察了56个国家，足迹几乎遍及全球。

二、孙万鹏与吴文上著作年表（截至2021年）

1

书　　名	表现学
作　　者	孙万鹏
出 版 社	山东人民出版社
出版时间	1991年1月（1993年2月再版）
备　　注	获第七届北方十五省市自治区哲学社会科学优秀图书奖（北方十五省市自治区哲学社会科学优秀图书评选委员会，1992年8月）； 获1990、1991年华东地区优秀政治理论图书一等奖（华东地区优秀政治理论图书评选委员会，1991年8月）

2

书　　名	灰色价值学
作　　者	孙万鹏
出 版 社	山东人民出版社
出版时间	1991年2月（1993年2月再版）
备　　注	北方十五省市自治区哲学社会科学优秀图书奖一等奖提名

3

书　　名	调查学
作　　者	孙万鹏
出 版 社	山东人民出版社
出版时间	1991年7月
备　　注	在中国地质大学陈列

4

书　　名	选择学
作　　者	孙万鹏
出 版 社	山东人民出版社
出版时间	1992年8月
备　　注	在中国地质大学陈列

5

书　　名	改革学
作　　者	孙万鹏
出 版 社	山东人民出版社
出版时间	1992年8月
备　　注	在中国地质大学陈列

6

书　　名	灰色综防学：植保理论改革探索
作　　者	吴文上　孙万鹏
出 版 社	山东人民出版社
出版时间	1993年4月
备　　注	获浙江省第七届社会科学优秀成果二等奖（浙江省人民政府，1997年9月）

7

书　　名	股票灰色预测
作　　者	孙万鹏　吴文上
出 版 社	山东人民出版社
出版时间	1993年12月
备　　注	获浙江省第七届社会科学优秀成果（1993—1994）二等奖（浙江省人民政府，1997年9月）

8-10

书　　名	灰学新思维、农业新思路、表现经济学
作　　者	孙万鹏
出 版 社	山东人民出版社
出版时间	1995年11月

11

书　　名	灰农学：农业思路新探
作　　者	孙万鹏　吴文上
出 版 社	山东人民出版社
出版时间	1996年10月
备　　注	《农村信息报》1996年连载103篇

12

书　　名	大众灰学丛书：全准思维方式
作　　者	孙万鹏
出 版 社	山东人民出版社
出版时间	1997年8月
备　　注	中宣部出版局建议出版的大众灰学普及图书

13

书　　名	大众灰学丛书：全准论
作　　者	孙万鹏
出 版 社	山东人民出版社
出版时间	1997年7月
备　　注	中宣部出版局建议出版的大众灰学普及图书

14

书　　名	第3种科学
作　　者	孙万鹏
出 版 社	山东人民出版社
出版时间	1998年7月
备　　注	钱学森来函鼓励

15

书　　名	走向新城市：一种灰学的新建筑装饰设计思想
作　　者	孙万鹏　深杭（孙海峰）
出 版 社	中国城市出版社
出版时间	2002年2月

16

书　　名	澄江情（上、下册）
作　　者	孙万鹏　冯翔
出 版 社	文化艺术出版社
出版时间	2003年9月
备　　注	已改编为30集电视连续剧

17

书　　名	孙万鹏灰学诗词集
作　　者	孙万鹏
出 版 社	华艺出版社
出版时间	2003年8月

18

书　　名	债
作　　者	孙万鹏
出 版 社	中华文化出版社
出版时间	2005年4月
备　　注	在北京大学举行讨论会

19

书　　名	另一种文化
作　　者	孙万鹏
出 版 社	世界文化艺术出版社
出版时间	2006年2月

20

书　　名	灰，鲜艳的诗歌颜色
作　　者	孙万鹏
出 版 社	中国名家出版社
出版时间	2007年6月

21

书　　名	复杂灰色巨系统论
作　　者	孙万鹏
出 版 社	世界文化艺术出版社
出版时间	2009年11月

22

书　　名	灰熵论
作　　者	孙万鹏
出 版 社	百通出版社
出版时间	2011年12月第1版、2012年2月第2版

23

书　　名	中国水稻病虫综合防治进展
作　　者	农牧渔业部全国植物保护总站主编（吴文上编审）
出 版 社	浙江科学技术出版社
出版时间	1988年10月

24

书　　名	灰谐论
作　　者	孙万鹏
出 版 社	百通出版社
出版时间	2013年7月

25

书　　名	澄江寻梦
作　　者	孙万鹏　冯　翔
出 版 社	光明日报出版社
出版时间	2015年1月

26

书　　名	灰交融论
作　　者	孙万鹏
出 版 社	世界文化艺术出版社
出版时间	2015年5月

27

书　　名	灰体系哲学
作　　者	孙万鹏
出 版 社	世界文化艺术出版社
出版时间	2015年10月

28

书　　名	周游50国
作　　者	孙万鹏
出 版 社	民主与建设出版社
出版时间	2016年12月

29-32

书　　名	科学思想的解放与突破、灰曲线——一种新的自然观、悖论问题、非唯一论
作　　者	孙万鹏
出 版 社	民主与建设出版社
出版时间	2019年8月

三、推介孙万鹏的有关著作及剧本

1. 杨万江编著《灰学理论及发展：孙万鹏灰学评述》，山东人民出版社，1997年。

2. 冯翔著《生命之树常青：灰学创始人孙万鹏传奇》，中国广播电视出版社，2000年。

3. 智慧等编撰《灰玫瑰：孙万鹏灰学报道与评议》，浙江省科普作家创作部，2000年。

4. 冯翔著《拓荒》(部分章节推介孙万鹏)，新世界出版社，2004年。

5. 大连理工大学组编；刘宏伟，廉清主编《思想道德修养教学案例》(含孙万鹏的二三事)，中国人民大学出版社，2004年。

6. 唐明华编剧《春天的畅想》(推介孙万鹏的电影剧本)。

四、孙万鹏、吴文上主要荣誉年表（截至2019年）

1

类　　别	国家级	年　　份	1987年
项目名称	水稻病虫综合防治的策略与配套技术的研究与实践		
荣誉等级	国家科学技术进步三等奖		
颁发单位	中华人民共和国国务院		
获得人/完成人	吴文上(第三完成人)		
证书编号/颁发时间	农-3-028-03		

2

类 别	国家级	年 份	1992年10月至今
项目名称	中国农业技术事业突出贡献		
荣誉等级	国务院政府特殊津贴		
颁发单位	中华人民共和国国务院		
获得人/完成人	吴文上		
证书编号/颁发时间	政府特殊津贴第(92)9330359		

3

类 别	省部级	年 份	1979年
项目名称	先进工作者		
荣誉等级	浙江省科学技术先进奖		
颁发单位	中国共产党浙江省委员会、浙江省革命委员会		
获得人/完成人	孙万鹏		
证书编号/颁发时间	先进奖000385		

4

类 别	省部级	年 份	1983年
项目名称	水稻白叶枯病综合防治技术改进及示范推广		
荣誉等级	浙江省优秀科技成果推广四等奖		
颁发单位	浙江省人民政府		
获得人/完成人	吴文上(第一完成人)		
证书编号/颁发时间	000481		

5

类 别	省部级	年 份	1983年
项目名称	新杀菌剂叶青双的研制及示范推广		
荣誉等级	浙江省优秀科技成果二等奖		
颁发单位	浙江省人民政府		
获得人/完成人	吴文上(第三完成人)		
证书编号/颁发时间	000062		

6

类 别	省部级	年 份	1984年
项目名称	农牧渔业部植保总站水稻植保协作组在长江中下游、水稻病虫防治技术开发工作		
荣誉等级	做出重大贡献，获得表彰		
颁发单位	中华人民共和国国家经济委员会		
获得人/完成人	吴文上(主要完成人)		
证书编号/颁发时间	1984年11月20日颁发		

7

类　　别	省部级	年　　份	1985年

项目名称　水稻病虫综合防治策略与配套技术
荣誉等级　部级科学技术进步二等奖
颁发单位　中华人民共和国农牧渔业部
获得人/完成人　吴文上（主要完成人）
证书编号/颁发时间　奖证字（85）0430号

8

类　　别	省部级	年　　份	1985年

项目名称　大面积推广应用井岗霉素防治水稻纹枯病
荣誉等级　部级科学技术进步二等奖
颁发单位　中华人民共和国农牧渔业部
获得人/完成人　吴文上（主要完成人）
证书编号/颁发时间　850168

9

类　　别	省部级	年　　份	1986年

项目名称　“六五”省科技攻关（重点科研）水稻白叶枯病防治技术研究项目
荣誉等级　浙江省科技攻关奖
颁发单位　浙江省人民政府（浙江省科技奖励大会代章）
获得人/完成人　吴文上（主持）
证书编号/颁发时间　1986年9月12日颁发

10

类　　别	省部级	年　　份	1989年

项目名称　浙江省水稻病虫害综防简化规范化技术的研究和推广
荣誉等级　浙江省科学技术进步三等奖
颁发单位　浙江省人民政府
获得人/完成人　吴文上（第一完成人）
证书编号/颁发时间　890243

11

类　　别	省部级	年　　份	1990年

项目名称　综防技术“五统一”示范推广项目
荣誉等级　1989年度浙江省农业丰收奖二等奖
颁发单位　浙江省人民政府（省农业厅代）
获得人/完成人　吴文上（第三完成人）
证书编号/颁发时间　浙农丰奖：0001740

12

类　　别	省部级	年　　份	1991年
项目名称	《表现学》		
荣誉等级	华东地区优秀政治理论图书一等奖		
颁发单位	华东地区优秀政治理论图书评选委员会		
获得人/完成人	孙万鹏		
证书编号/颁发时间	1991年8月颁发		

13

类　　别	省部级	年　　份	1992年
项目名称	《表现学》		
荣誉等级	第七届北方十五省市自治区哲学社会科学优秀图书奖		
颁发单位	北方十五省市自治区哲学社会科学优秀图书评选委员会		
获得人/完成人	孙万鹏		
证书编号/颁发时间	1992年8月颁发		

14

类　　别	省部级	年　　份	1992年
项目名称	《表现学》		
荣誉等级	1991年度山东省优秀图书二等奖		
颁发单位	山东省优秀图书评选委员会		
获得人/完成人	孙万鹏		
证书编号/颁发时间	1992年10月颁发		

15

类　　别	省部级	年　　份	1996年
项目名称	《水稻病虫综合防治》(电视片)		
荣誉等级	浙江省首届"科技兴农"节目三等奖		
颁发单位	浙江省农村工作办公室、浙江电视台		
获得人/完成人	吴文上(第三完成人)		
证书编号/颁发时间	1996年6月18日颁发		

16

类　　别	省部级	年　　份	1996年
项目名称	浙江省首届"科技兴农"节目		
荣誉等级	贡献奖		
颁发单位	浙江省农村工作办公室、浙江电视台		
获得人/完成人	吴文上(第三完成人)		
证书编号/颁发时间	1996年6月18日颁发		

17

类　　别	省部级	年　　份	1996年
项目名称	水稻病虫害高效、安全、低耗、实用的防治新技术项目		
荣誉等级	浙江省科学技术进步三等奖		
颁发单位	浙江省人民政府		
获得人/完成人	吴文上（第六完成人）		
证书编号/颁发时间	960257		

18

类　　别	省部级	年　　份	1997年
项目名称	《灰（学）思维方式（体现在〈灰色综防学〉和〈股票灰色预测〉著作中）》		
荣誉等级	浙江省第七届社会科学优秀成果（1993—1994）二等奖		
颁发单位	浙江省人民政府		
获得人/完成人	孙万鹏		
证书编号/颁发时间	1997年9月颁发		

19

类　　别	省部级	年　　份	2009年
项目名称	农业部离退休干部先进个人		
荣誉等级	部级		
颁发单位	中华人民共和国农业部		
获得人/完成人	孙万鹏		
证书编号/颁发时间	2009年9月颁发		

20

类　　别	省部级	年　　份	2019年
项目名称	浙江省委直属单位先进离退休干部		
荣誉等级	2019年度“银尚达人”		
颁发单位	中共浙江省委老干部局		
获得人/完成人	孙万鹏		
证书编号/颁发时间	2019年12月6日通报		

附录二

七十周年国庆献礼——回眸半个世纪灰学路

孙万鹏

（整理自孙万鹏“回眸——七十周年国庆献礼”资料与孙万鹏在《孙万鹏灰学文集》（10—12卷）首发式上的补充讲话）

会议主持人：俞仲达（浙江省人民政府原副秘书长、办公厅主任）

会议演讲人：孙万鹏

《孙万鹏灰学文集》（1—12卷），约1000万字，是我预定的写作目标，可谓“靡不有初，鲜克有终”。它是笔者“寂寞书斋里”，到今年80岁才得以实现的愿望。回首往事，历历在目。

1991年，全国灰色系统学术研讨会现场

一、与灰学结缘

1982年，邓聚龙教授的“灰色系统”理论诞生之际，我正在中央党校主攻哲学。我预想：“将来，机器人可代替众多科学、数学的工作，但代替不了哲学。”

1987年11月，邓聚龙教授出版《灰色系统基本方法》一书后，笔者将部分运用“灰数学”的“灰学著作”《表现学》书稿寄给了他，嗣后，邓也将运用了《表现学》信息表现元的《灰数学引论》一书寄给我。可谓是“豁达露心肝，心肠无邪欺”。

1991年4月，全国灰色系统学术研讨会暨《灰学》首发式在浙江大学华家池校区隆重举行。浙江省委、省政府、省人大、省政协几套班子的支持让我至今难忘。

浙江省文联主席顾锡东，浙江省书法家协会主席郭仲选，杭州书画院院长王伯敏，江南书画院院长许竹楼，艺术家宋涛、李牧童等的抬爱，也让我“历历开元事，分明在眼前”。

1991年4月28日，邓教授来杭州我家做客，我们谈及数学与哲学的关系时，情投意合，吾欣意“允矣邓君”，兴建为“带信息的数——灰数”而挖掘哲学内涵的灰学。

1994年，邓教授等29位先驱，发起成立“中国灰色系统研究会”。

祝贺孙万鹏先生灰学文集出版
向多年来呕心沥血为发展灰学事业作出
重大贡献的孙万鹏先生致敬

邓聚龙
一九九五年六月

“灰色系统理论”创始人邓聚龙的贺电

中共浙江省委副书记刘枫贺电

大会秘书处：

悉全国灰色系统理论研讨会暨孙万鹏同志所著《表现学》《灰色价值学》《调查学》公开出版首发式在杭召开，特表祝贺。并对孙万鹏同志与病魔抗争的顽强精神表示钦佩。愿灰色系统理论在社会主义现代化建设中发挥更大作用。

1991.4.23

1991年，时任中共浙江省委副书记刘枫的贺电

中顾委委员、原中共浙江省委书记铁瑛贺电

大会秘书处：

对全国灰色系统理论研讨会暨孙万鹏同志所著《表现学》《灰色价值学》《调查学》公开出版发行表示祝贺，并对孙万鹏同志抱病著书立说的可贵精神表示赞赏。

1991.4.23

中顾委委员、原中共浙江省委书记铁瑛的贺电

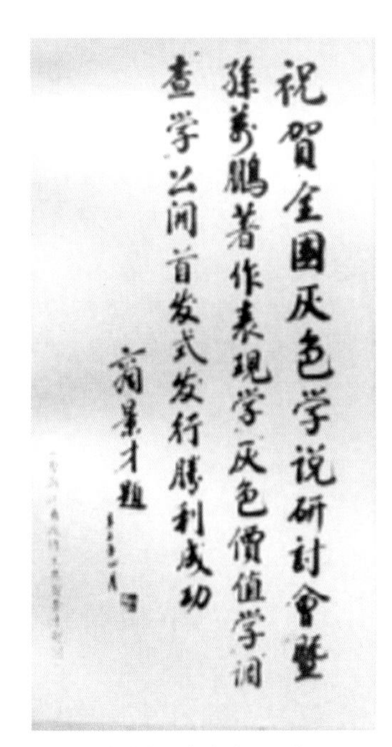
祝贺全国灰色学说研讨会暨
孙万鹏著作表现学灰色价值学调
查学公开首发式发行胜利成功
商景才题

浙江省政协原主席商景才的题词

热烈祝贺孙万鹏先生的《表现学》《灰色价值学》《调查学》三本力作的首发式，对作者身怀重病，在与病魔的斗争中，仍能投身于一门新的学科的研究，进行辛苦的耕耘，终于结出丰硕的成果，对灰色系统的研究做出了宝贵的贡献。对于作者这种顽强的意志，坚定的毅力，高瞻远瞩的学术意境，均使我十分钦佩。祝孙万鹏先生再接再厉，创作出更多更高更好的作品为人民服务，为社会主义现代化建设服务。

吴植椽

一九九一年四月二十五日

原浙江省人大常委会副主任吴植椽的贺信

大会秘书处：

悉孙万鹏同志所著《表现学》《灰色价值学》《调查学》公开发行，特此祝贺！愿灰色系统理论在社会主义现代化建设中发挥其应有的作用。

致以

敬礼！

杨彬

一九九一年四月二十五日

原浙江省人大常委会副主任杨彬的贺信

图4 原浙江省委、省政府、人大、政协领导等的贺词

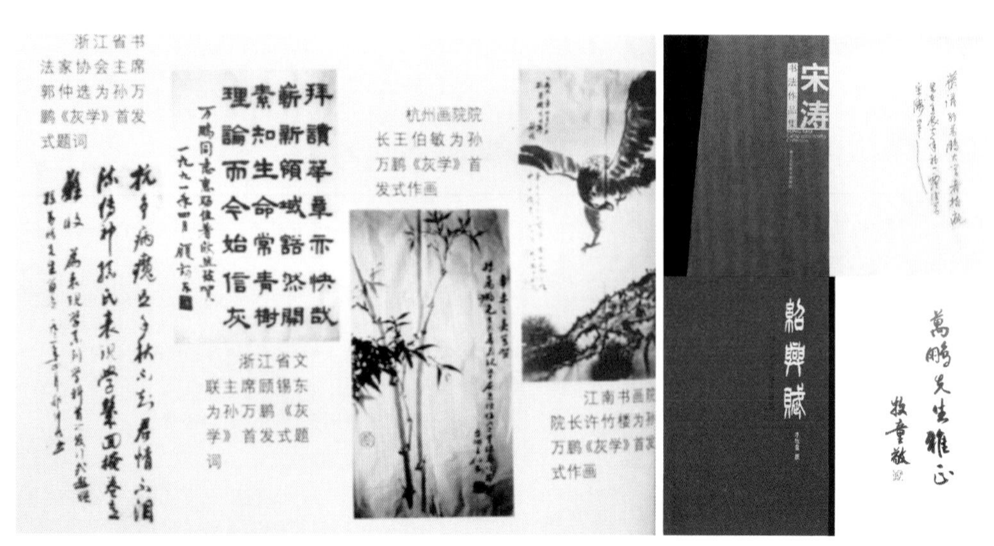

艺术家们为孙万鹏《灰学》首发式题作的诗画　　艺术家宋涛、李牧童赠书题字

1991年4月28日，邓聚龙教授在孙万鹏、吴文上家中

“中国灰色系统研究会”先驱名单

序号	姓名	职称职务	单位	备注
1	邓聚龙	教授 博导	华中理工大学 （现华中科技大学）	筹委会主任
2	孙万鹏	教授 中国水稻理事会副理事长 原浙江省农业厅厅长	中国水稻研究所	筹委会执行主任
3	许玉春	教授 院长	北京1070医院	筹委会副主任
4	吴汉雄	教授 博导	中国台湾“中央大学”机械系	筹委会副主任 现居台湾
5	任惠民	教授 博导 校长	西安医科大学	
6	王秉纲	教授 院长	西安公路学院	
7	李桂青	教授 博导	武汉工业大学	现居澳大利亚
8	叶守泽	教授 博导	武汉水利电力大学	
9	姚绍福	研究员 科技委主任	中国航天工业总公司三院	
10	王世臣	教授	西安医科大学	
11	晏同珍	教授 博导	中国地质大学	
12	吴文上	高农	浙江省农业厅	
13	邹珊刚	教授	华中理工大学	
14	李松仁	教授 博导	中南工业大学	
15	余松林	教授	同济医科大学	
16	周有尚	教授	同济医科大学	
17	张宇铨	高工 副院长	洛阳水利勘测设计院	
18	易允文	研究员	中科院沈阳自动化所	
19	黄继起	教授	海军工程学院	
20	夏 军	教授 博导	武汉水利电力大学	
21	苏子仪	教授	华中理工大学	
22	史开泉	教授	聊城师范学院	
23	冯文权	教授	武汉大学	
24	胡守约	研究员	中国船舶总公司709所	
25	赵宗群	教授	北京医科大学	
26	阎 理	教授	海军工程学院	
27	包国庆	教授	广州现代教育研究中心	
28	程 飚	高工	湖北仪器仪表公司研究所	
29	易德生	副教授	武汉工学院	

二、灰学引起广泛关注

1995年11月，《孙万鹏灰学文集》（1—3卷）由山东人民出版社出版发行。

1996年1月之后，北京、杭州、济南、西安、黄岩等地多次举行《孙万鹏灰学文集》出版座谈会、新闻发布会、签名售书活动等。

当年10月，时任中宣部领导的刘云山、徐光春，中宣部出版局局长高明光等亲切接见了我；10月18日，我向北京100所高校举行了图书赠送仪式。

《孙万鹏灰学文集》（1-3卷）

其后，农业部部长林乎加（原北京市委书记）、何康、陈耀邦，农业部副部长朱荣、刘锡庚、郑重、刘成果、牛盾，国务院副秘书长刘济民，农业部纪委书记宋树友，政策法规司长郭书田，上海市副市长刘振元，国家教委常务副主任柳斌，清华大学原党委书记蒋南翔，中国工程院副院长卢良恕，中宣部原副部长龚心瀚，中国科学院研究员董光璧，东方国际易学研究院长丘亮辉，北京大学教授张友仁，中央党校校长王震，副校长王伟光，教授吴义生、周熙明；中国人民大学博士生导师张象枢，中国社科院科学技术和社会研究中心主任殷登祥，北京航空航天大学博士生导师毛士艺，中国农业大学博士生导师张湘琴，中国地质大学副校长杨巍然，中国农科院领导沈桂芳、高历生、刘志澄、方悴农，中国水稻研究所所长、中国科学院院士朱祖祥，黄岩籍中国科学院院士黄志镗等都给了灰学理论以亲切的关怀与重视。

1998年8月，钱学森院士给笔者发来亲笔函，称灰学是一门新学科，是一门大有前途的理论。继而，《光明日报》头版头条、《浙江日报》一个整版、《人民日报》与中央人民广播电台、中央电视台，以及美国、日本等国家的130多家媒体对此进行了报道，将《孙万鹏灰学文集》前三卷的内容，宣传得淋漓尽致。

2000年以后，我投入《灰曲线：一种新的自然观》一书的写作中，2002年5月，西湖明珠频道系统介绍灰学。

2004年11月，我家被评为杭州市“十大书香人家”之一。

1998年10月9日，孙万鹏夫妇在西安进行《第3种科学》签名售书活动

1996年10月18日，孙万鹏在中国人民大学赠书仪式现场

1998年8月24日，孙万鹏与时任农业部部长陈耀邦（左一）、原北京市委书记林乎加（左二）、农业部副部长刘成果（右一）在林乎加家中

1985年10月，孙万鹏（前左三）与时任农业部部长何康（中）、时任国务院副秘书长刘济民（前右一）、中科院院士朱祖祥（前右三）、时任浙江省副省长李德葆（右中）合影（摄于杭州华家池）

2016年1月10日，孙万鹏、吴文上与时任中宣部副部长龚心瀚（中）、丘亮辉教授（左二）、宣佰军（左一）在一起（摄于上海维也纳酒店）

1998年10月18日，孙万鹏与时任国家教委常务副主任柳斌在北京中央国家机关接待会议厅合影

1996年10月15日，孙万鹏、吴文上与中科院院士黄志镗（左五）、农业部领导郑重（左四）、中国农学会会长方悴农（左三）、中国农业经济学会会长刘志澄（左六 ）合影

光明日报

GUANGMING DAILY

生命之树常青

——记灰学理论的创立者孙万鹏

让我们携手、共同缔造美丽的明天。

您的成功是我们不懈的追求

浙江日报

社会周刊

死神面前写下的灿烂奇书

浙江科技报

光明日报

他竟然还活着！

杭州日报

文化周刊

济南日报

钱江晚报

台州日报

浙江日报

新闻出版报

温州读书报

光明日报

生命传奇

中国教科报

信息早报

科技日报

浙江教育报

各大媒体对《孙万鹏灰学文集》前三卷的报道

“介绍中国科学界英才人物——孙万鹏”

《美国洛杉矶双语电台》 1998年10月12日 播音者金桥

今天的人物栏目，我们想给听众朋友们介绍一位中国科学界的英才孙万鹏先生，他至今创造了两个奇迹，一个是征服了肝癌，战胜了死神，另一个是创建了国际领先的灰学理论和第三种科学理论。

今年的10月18日中央宣传部将在北京召开孙万鹏的《第三种科学》首发式，这部书在总结第一、第二种科学的基础上，创造性地提出了第三种科学对人类社会的影响进行了相关的阐述。中国著名科学家钱学森先生看了书以后，用颤抖的手写了封信给孙万鹏，称赞他为科学界作出了贡献，并说这是一门大有前途的理论。世界上灰色系统理论首创者邓聚龙教授惊呼：“这是人类科学史上的一场新的哥白尼式的革命。

谁能想到，就是这位作者10年前患了肝癌，医学专家判他只能够活一年，而他现在活生生地站在记者的面前，身上的癌魔却没了，在十年中，他不但战了癌魔，还写出了14部书，计360万字，除《第三种科学》以外，他还首创了一门涵盖自然科学的新学科，这一学科已引起世界学术界的广泛关注，包括美国的麻省理工学院和美国圣大福研究所的教授、专家们，中国已有30多个大学开了这门课。

孙万鹏1940年出身于浙江温州，大学毕业后，分配在浙江省农业厅工作，后担任农业厅厅长。正当他在工作上大展鸿图之时，一场生命中的风暴爆发了，他得了绝症，一个个医院的诊断都是惊人的相似，肝癌，而且是晚期，他最多只能活一年。孙万鹏回忆当时的情景说：“（出录音）当时得了癌症后，脑子里想法很多，当时一个个打击很多，首先是我父亲得了癌症，死了，我母亲得了癌症，死了，我妹妹得了癌症，死了，时间都是一年左右，那么多亲人相继被癌症夺去了生命，看来自己的生命恐怕也很有限，这么短的时间，干什么呢？也不能坐在那里等死，只有抓紧时间，做多少，算多少，就开始整理，思考灰学理论。”

孙万鹏第一次接触灰学是在1982年，当时中国华工理工大学博士生导师邓聚龙教授首创了灰色系统理论，在世界权威杂志《系统与控制通讯》上发表后，马上在世界上引起巨大反响。孙万鹏说：（出录音）“中国人创造的理论，使国外的一些学子都感到光荣，在世界科学技术方面中国人也出了一点力，也有我们的新创造，很多人都很骄傲。”孙万鹏在细读邓聚龙教授的理论后，发现这套理论属于自然科学理论，如能从哲学的高度来发展，定能达到新的境界。而当时孙万鹏行政事务缠身，没有时间来整理、研究。现在，疾病为他提供了实现夙愿的机会，他把邓教授的灰色系统专著搬入病房，从此，他沉浸在灰学研究之中。

灰学作为一种新科学、新理论和全新的思维方式，它对人们的生活、工作有着十分重要的意义。在系统论和控制论中，按国际惯例以颜色显示信息度，信息明确的为白色，不明确的为黑色，部分明确与部分不明确的为灰色。孙万鹏的灰色理论就是以信息不完全的灰色系统为研究对象，运用的一种崭新的系统理论，它可以根据一系列的数据，运用一个微分方程来计算出需预测的结果。这套理论首先发挥作用的是农业方面，应用于病虫害的预测、预报、粮食生产产量预测等等，包括股票也能预测。孙万鹏说：（出录音）“在股票方面也有这个问题，我就根据当时报纸上登的每天股价，也利用这样的灰色理论方程加以计算，当时计算了60几个股，准确率最后照实际情况，达到80％多”。

孙万鹏一边研究灰学，一边用中西医和气功的方法治疗，肝部剧痛，常常是痛的得昏过去，黄豆大的汗珠从头上滴落，即使这样，他也没有停止研究，有的时候为了有力气搞研究，他一天要做6小时的气功才能维持几个小时的研究和思考。

能量在积聚，知识在汇合，思维在运动，灵感在知识的碰撞中闪光。积聚，必将喷发。

但是，就在他思考逐渐成熟时，他的病情加剧，患癌一年后，医院决定手术，此时他感到，自己的人生之日已不多了。

不能就这么离开世界！不能就这么抛弃自己的事业！一种强烈的生的欲望伴随着顽强的意志力在与不幸的命运抗争。父母和妹妹都是在手术后不久去世的，我不能重蹈覆辙，他毅然决定，不作手术，用所剩不多的时间写作，哪怕能留下几篇残稿也好，他是把这部书作为遗书来写的。

孙万鹏出院了，回到了家，全身心地投入到了写作之中，孙万鹏回忆当时的情景时说：（出录音）“有时痛得很厉害，昏死过去，醒来后，觉得时间实在太宝贵了，所以我有段时间请我家属给我准备了几样东西，一条灯笼裤，我写作时，盘着腿，发觉不行了，马上做气功；第二，给我弄点清凉油，稍微有点不行，涂涂清醒、清醒；第三，买几公斤辣椒，有时候精神不好，辣一辣，刺激一下；第四，给我搞一个耳针，不行的话，戳几下，有时可以提提精神，因为时间很有限，再不能昏昏睡睡地过去了。”

当时，孙万鹏妻子吴文上听着丈夫的交待，强抑住泪水，她知道她所能做的，就是支持丈夫，全力照顾他，尽可能延长他的生命，每当孙万鹏写作疲劳时，她就会给他唱歌，唱越剧，吹口琴。

孙万鹏的写作毫无规律，完全视身体状况而定，有时半夜感到身体舒适一点，他马上去写作，有一次，吴文上半夜醒来看到台灯亮着却不见老孙，马上去找，发现他已昏倒在厕所里，满头满脸都是血。15岁的儿子海峰发现后不知所措，情急中直接给住在附近的原副省长李德葆打了电话，李副省长马上赶过来，把他送到医院，一直抢救到第二天他才醒过来。

孙万鹏的写作已到完全忘我的地步，一天吴文上在单位给他打电话，家里始终没人接，吓得她赶紧往家里跑，谁知他沉迷于写作连电话铃声都未听见，一个人连死都置之度外，精神得到极大的升华，奇迹产生了：成熟的思考使他写作不打草稿，落笔成章，那知识之泉顺着他的笔端源源倾泻而出。

半年后，孙万鹏的第一部灰学专著《表现学》终于在这种情景下完成了，在此后的9个月中，孙万鹏接连完成了《灰色价值学》、《调查学》两本专著，这样，孙万鹏的第一部灰学专著问世了，它不啻是一颗文化原子弹，邓聚龙教授惊称：他的成就是灰色系统研究一个崭新的里程碑。

谁能想到，就是这位作者10年前患了肝癌，医学专家判他只能够活一年，而他现在活生生地站在记者的面前，身上的癌魔却没了，在十年中，他不但战了癌魔，还写出了14部书，计360万字，除《第三种科学》以外，他还首创了一门涵盖自然科学的新学科，这一学科已引起世界学术界的广泛关注，包括美国的麻省理工学院和美国圣大福研究所的教授、专家们，中国已有30多个大学开了这门课。

孙万鹏1940年出身于浙江温州，大学毕业后，分配在浙江省农业厅工作，后担任农业厅厅长。正当他在工作上大展鸿图之时，一场生命中的风暴爆发了，他得了绝症，一个个医院的诊断都是惊人的相似，肝癌，而且是晚期，他最多只能活一年。孙万鹏回忆当时的情景说：“（出录音）当时得了癌症后，脑子里想法很多，当时一个个打击很多，首先是我父亲得了癌症，死了，我母亲得了癌症，死了，我妹妹得了癌症，死了，时间都是一年左右，那么多亲人相继被癌症夺去了生命，看来自己的生命恐怕也很有限，这么短的时间，干什么呢？也不能坐在那里等死，只有抓紧时间，做多少，算多少，就开始整理，思考灰学理论。”

孙万鹏第一次接触灰学是在1982年，当时中国华工理工大学博士生导师邓聚龙教授首创了灰色系统理论，在世界权威杂志《系统与控制通讯》上发表后，马上在世界上引起巨大反响。孙万鹏说：（出录音）“中国人创造的理论，使国外的一些学子都感到光荣，在世界科学技术方面中国人也出了一点力，也有我们的新创造，很多人都很骄傲。”孙万鹏在细读邓聚龙教授的理论后，发现这套理论属于自然科学理论，如能从哲学的高度来发展，定能达到新的境界。而当时孙万鹏行政事务缠身，没有时间来整理、研究。现在，疾病为他提供了实现夙愿的机会，他把邓教授的灰色系统专著搬入病房，从此，他沉浸在灰学研究之中。

灰学作为一种新科学、新理论和全新的思维方式，它对人们的生活、工作有着十分重要的意义。在系统论和控制论中，按国际惯例以颜色显示信息度，信息明确的为白色，不明确的为黑色，部分明确与部分不明确的为灰色。孙万鹏的灰色理论就是以信息不完全的灰色系统为研究对象，运用的一种崭新的系统理论，它可以根据一系列的数据，运用一个微分方程来计算出需预测的结果。这套理论首先发挥作用的是农业方面，应用于病虫害的预测、预报、粮食生产产量预测等等，包括股票也能预测。孙万鹏说：（出录音）“在股票方面也有这个问题，我就根据当时报纸上登的每天股价，也利用这样的灰色理论方程加以计算，当时计算了60几个股，准确率最后照实际情况，达到80％多”。

孙万鹏一边研究灰学，一边用中西医和气功的方法治疗，肝部剧痛，常常是痛的得昏过去，黄豆大的汗珠从头上滴落，即使这样，他也没有停止研究，有的时候为了有力气搞研究，他一天要做6小时的气功才能维持几个小时的研究和思考。

能量在积聚，知识在汇合，思维在运动，灵感在知识的碰撞中闪光。积聚，必将喷发。

但是，就在他思考逐渐成熟时，他的病情加剧，患癌一年后，医院决定手术，此时他感到，自己的人生之日已不多了。

不能就这么离开世界！不能就这么抛弃自己的事业！一种强烈的生的欲望伴随着顽强的意志力在与不幸的命运抗争。父母和妹妹都是在手术后不久去世的，我不能重蹈覆辙，他毅然决定，不作手术，用所剩不多的时间写作，哪怕能留下几篇残稿也好，他是把这部书作为遗书来写的。

孙万鹏出院了，回到了家，全身心地投入到了写作之中，孙万鹏回忆当时的情景时说：（出录音）“有时痛得很厉害，昏死过去，醒来后，觉得时间实在太宝贵了，所以我有段时间请我家属给我准备了几样东西，一条灯笼裤，我写作时，盘着腿，发觉不行了，马上做气功；第二，给我弄点清凉油，稍微有点不行，涂涂清醒、清醒；第三，买几公斤辣椒，有时候精神不好，辣一辣，刺激一下；第四，给我搞一个耳针，不行的话，戳几下，有时可以提提精神，因为时间很有限，再不能昏昏睡睡地过去了。”

当时，孙万鹏妻子吴文上听着丈夫的交待，强抑住泪水，她知道她所能做的，就是支持丈夫，全力照顾他，尽可能延长他的生命，每当孙万鹏写作疲劳时，她就会给他唱歌，唱越剧，吹口琴。

孙万鹏的写作毫无规律，完全视身体状况而定，有时半夜感到身体舒适一点，他马上去写作，有一次，吴文上半夜醒来看到台灯亮着却不见老孙，马上去找，发现他已昏倒在厕所里，满头满脸都是血。15岁的儿子海峰发现后不知所措，情急中直接给住在附近的原副省长李德葆打了电话，李副省长马上赶过来，把他送到医院，一直抢救到第二天他才醒过来。

孙万鹏的写作已到完全忘我的地步，一天吴文上在单位给他打电话，家里始终没人接，吓得她赶紧往家里跑，谁知他沉迷于写作连电话铃声都未听见，一个人连死都置之度外，精神得到极大的升华，奇迹产生了：成熟的思考使他写作不打草稿，落笔成章，那知识之泉顺着他的笔端源源倾泻而出。

半年后，孙万鹏的第一部灰学专著《表现学》终于在这种情景下完成了，在此后的9个月中，孙万鹏接连完成了《灰色价值学》、《调查学》两本专著，这样，孙万鹏的第一部灰学专著问世了，它不啻是一颗文化原子弹，邓聚龙教授惊称：他的成就是灰色系统研究一个崭新的里程碑。

接下来的两年，他的著作更是一发而不可收，孙万鹏的身体也发生了奇妙的变化，肝部疼痛逐渐缓解，脸色也好起来了，后来检查发现，他身上的癌细胞已完全消失了。医生无法解释这一现象，一位气功专家说，孙万鹏忘我地把精力都集中写作上，起到了气功的作用。如果这一理由能成立，那是写作救了他，是灰学救了他。

在孙万鹏的14部著作中，他的《股票灰色预测》给股民们带来了福音，准确率80％多，他的《灰农学》、《灰色综防学》把灰色理论运用到农业综合防治领域，在浙江省建立无公害大米示范点，取得了显著的经济效益，尤其是他提出深远的新农业革命的思想，深得联合国粮农专家赞赏，认为他的著作为解决世界农业出路指出了方向，专家们一致认为，这些灰学专著是世界首创。

如今，孙万鹏在灰学理论的基础上，又创造性地提出了《第三种科学》，孙万鹏说：（出录音）“我把经典科学作为第一种科学，现代科学作为第二种科学，我现在又创建了第三种科学，研究发现，第一种科学研究的时间叫第一种时间，现代科学研究的是第二种时间，我的第三种科学研究时间，就是第三种时间，它比第一种、第二种更为普遍”。

10年，对人类历史来说只是个瞬间，对孙万鹏来说，却是生命的无限延伸。 （歌曲）

1998年10月12日，美国洛杉矶双语电台报道孙万鹏事迹

2002年5月，西湖明珠频道播放孙万鹏，介绍灰学

2004年，孙万鹏家庭获评“书香人家”证书

2007年，全球性学术组织IEEE灰色系统委员会在南京航空航天大学成立。

2008年我的著作《复杂灰色巨系统论》问世，特别是在中国驻美大使馆帮助下，于加利福尼亚注册成立“世界灰学文化联合会”，我被推为主席（注册号200829610185）。此后，灰理论开始走出国门并走进了56个国家。该年，灰理论的数学部分入选国家精品课程。邓聚龙的学生刘思峰教授，为将灰数学推向全球做出了重要贡献。

2009年9月，我获得了农业部“离退休干部先进个人”称号。

2013年6月22日，邓教授因病逝世，我为失去了终身挚友而撕心裂肺。在邓夫人郭洪的努力下，邓聚龙所著《灰色系统气质理论》于2014年由科学出版社出版。

2016年1月，中国管理科学院授予我“科学管理终身成就奖”（郭书田老司长代领）。

2016—2017年，中国社会科学院96岁的高级研究员王凤林、廉绵第与樊俊莲等，将我所著《灰学札记：“社会热点”的灰学评述》推而广之。

2018年3月，著名学者郭书田、胡兆荣等，在《通讯》上宣传灰学《灰熵学》文集。

三、从灰度决策谈起

2018年，由美国的小约瑟夫·巴达拉克著，唐伟、张鑫翻译的《灰度决策：如何处理复杂、棘手、高风险的难度》一书出版，使灰理论的应用走向了以“灰度决策”为重点的新阶段。

小约瑟夫·巴达拉克教授是美国哈佛商学院约翰·沙德商业伦理讲席教授，同时担任哈佛大学股东责任咨询顾问委员会主席，拥有丰富专业经历，曾在美国、日本等多个国家的管理培训项目中担任教职。

他说：

“灰理论”的出现，是学术界的一股清流。“灰度决策”是以“灰理论”为依据，从人文角度来阐释第一线工作的“工作哲学”。它与物理学中“第一原理”的思考方式相一致。与巴达拉克教授的《沉静领导》是姊妹篇。

致力于灰度系统理论等研究的翻译家唐伟说：

“灰度决策”介于黑与白之间，不必是一场零和博弈，无须拼出个你输我赢。可以是“双赢”的结果，可以培育伙伴、追随者。

中国航天卫星工程总设计师郭宝柱说：

“灰度决策”的观点和方法是集经验、知识、智慧和道德之大成解决复杂性问题的一个新视角。管理者在处理复杂问题时，既面临才能的挑战，也面临人性的挑战，所做的工作不仅要对组织机构，而且要对其他人和整个社会负责。

美国红十字会主席吉尔·麦戈文说：

每个领导者都面临着“灰度决策”，非黑即白的领域少之又少。

美国哈佛商学院教授、《创新者的窘境》作者克莱顿·克里斯坦森称赞：

“灰度决策”十分精彩，它严谨缜密又饶有趣味。

2008年，孙万鹏在加州大学向诺贝尔化学奖得主钱永健介绍灰学

2009年，孙万鹏获评中华人民共和国农业部颁发的荣誉

2008年10月，孙万鹏在哈佛大学研究中心游考时留影

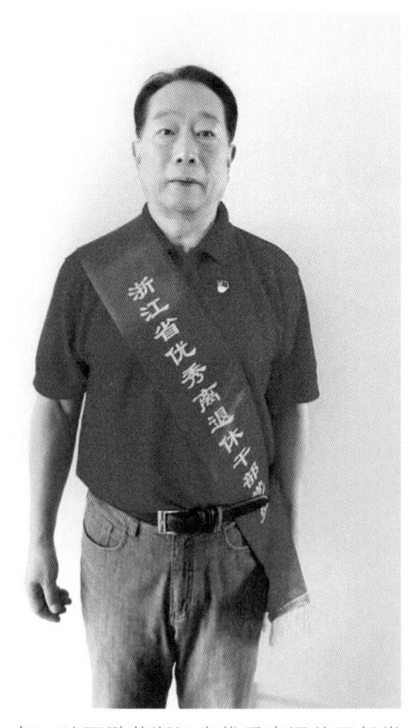

2013年，孙万鹏获浙江省优秀离退休干部党员荣誉

《灰熵学》文集

——一部具有中国理论特色的百科著作即将问世

孙万鹏

孙万鹏同志是本所特约的著名专家，也是本刊重量级作者，系国内外灰学创始人，已出版有关灰学著作26部，2017年将尚未出版的6部合编为孙万鹏《灰熵学》文集，总计800多万字，包括6卷，1—3卷为论著集，4卷为论文集，5卷为小说集，6卷为杂文集，反映了他在灰学研究的巨大成就，涉及领域十分广泛，在本刊先后刊载了他的文章132篇，包括增刊专辑13篇，受到社会各界的广泛关注与高度评价。我们在孙万鹏《灰熵学》文集的问世时，表示热烈祝贺与崇高敬意，对他多年以来对本所工作的支持表示衷心的谢意。

（作者：浙江省农业厅原厅长；本刊编辑部，2018年3月）

报：中央农村工作领导小组办公室　全国人大农业与农村工作委员会　中华人民共和国农业部
送：中国管理科学研究院　有关部委司局、各省农委（农业厅）、中国管理科学研究院各研究所
发：中国管理科学研究院农业经济技术研究所各处、室、中心及下设机构

总 顾 问：刘　坚　　卢继传
副 主 编：辛　梅
网　　址：www.zhongguanyuan.com.cn
电　　话：010-59195015　　59195293
　　　　　010-66117652　　57206299
地　　址：农业部北办公区16号楼、18号楼
部门协助：中国管理科学研究院农业经济技术研究所推广培训处

主　　编：胡兆荣
责任编辑：孙正恩
邮　　编：100125
邮　　箱：zgynjs@163.com
　　　　　moagov@163.com
农业部农村经济研究中心南3楼、4楼
责 任 人：黄维东

2018年3月，《通讯》介绍孙万鹏《灰熵学》文集

再谈灰度决策

孙万鹏

多年前，笔者曾写过一篇关于《灰度决策与熵预测》的论文，着重讲了灰度决策的基本思想、方法、原则等。然而，朋友的反馈说："有点抽象"。故这次再谈灰度决策，"反身省察，改弦易辙"，更多地结合实际，以"务得事实"，来谈两家企业总裁的决策故事。

（一）

这两家企业：一是生物基因公司；二是一家纺织厂。他们的总裁在遇到重大事件后，主观上都想进行科学的灰度决策，但是，在笔者看来，他们均未能取得成功。

下面，先说这家生物基因公司，它研发生产了一种"特效药"，在临床测试的第一年中，被证明非常有效，可谓是"寒暑相推而岁成"。于是，7000名患者有幸获首尝新药的资格，公司也开始为后续的批量制造、销售和运营投入大量资本，该药的研发创历史新高，可谓"是时新得表众，形势甚盛"。

然而，几个月后，一个接受临床实验的病人去世了，死因可谓"罕闻稀疏"，是一种罕闻的脑部感染病，更不幸的是，没多久，另一病人也"郁郁菲菲"，被发现得了同一种脑部感染病，病情与第一个人可谓"所归者一"，完全一致，若仅一人得病，还可说是"偶一为之"，但两人得了完全"表里相形"的病，说明导致此病就得察究"原始要终"了，一言以蔽之，很可能就与贵公司开发的"特效药"有关，面对这样的情况，作为该公司的决策人总裁，怎么办？

（二）

据悉，该公司的总裁，在发现患者因食用自家公司生产的"特效药"死亡的消息后，不敢"藐藐然忽视"，因为，这毕竟涉及病人的性命。首先，他将事故通知国家食品和药物管理单位，以及公司里负责相关研究的部门，暂停可能出问题的药物继续使用。（笔者注：这一做法，应该说是明智的）。然后，他自己"执售一组"，约用一周时间开始对"特效药"的致病性作了调查，以掌握这种新药对患者"潜移暗化"的风险究竟有多大？以避免决策者的个人误区。（笔者注：这样的做法，显然是可取的）。此后，总裁和他的团队决定暂停配发这种药，而不是完全"退省于松下"。一方面是在控制可能带来的危险，尽到大企业对社会的道德义务，（笔者注：有这种道德意识是值得赞扬的）。总裁的想法是，也给公司留下重新推广新药的机会，尽可能地保护公司的利益不受损失。（笔者注：这一点，也是可以理解的）。与此同时，总裁还平衡在这一事件中"其所牵染"的各方关系。在暂停配发的过程中，公司通过与各方专家合作，调查了究竟那些患者需要禁用该药（笔者注：这项调查是敷衍的，走过场的，需要禁用的面过窄。在上述事件发生后十年里，10万服药的患者中，出现100名死亡的病例，仍有400名患者出现不同程度的残疾。）。

应该说，该公司总裁在整个决策过程中，没有追求单一的维度，作简单化的处理。他至少是还有"关注结果、关注义务、关注人性"的三大维度思维，想把事情做得更好，处理方式也十分灵活，且注意考虑：不被"非黑即白"单一的价值观所裹挟，但是，与尽可能接近圆满的、典型的、比较理想的灰度决策，还有距离。

（三）

下面，再介绍第二家企业：是1996年末，[美]一家纺织厂，因一场大火几乎整个被付之一炬。主管为此陷入了巨大的决策困惑之中，是否要重建工厂呢？保险赔偿金可能不足支付"重檐之屋"的新建费用，且重建期间会否流失大量的客户？面对众多不确定因素，该厂主管突破重围——新建纺织厂。决定在重建期间"慑元以年月"给工人发工资，且告知他们，新厂建成后工人可回来继续上班。该主管的决策获得一片"唱赞与荣誉"，且在1997年还被克林顿总统邀请参加了国情咨文会。然后，此厂"倒策侧重于君前"，倒闭了。

为什么"这个正能量满满的故事"？最后会成为"悲剧"呢？应当承认：该厂主管的出发点无任何问题，"果敢而有勇气"承担社会责任、为员工着想，人们都赞不绝口，重建工厂是他坚信一定要做的好事，也是他认为最正确的决定。但问题就出在此，"人性是有弱点的，在面对灰度决策中，最容易干扰决策者的弱点，就是高估自己"。

当时美国的客观实际是：整个纺织行业"既自以心为形役，奚惆怅而独悲！"很多纺织厂陆续倒闭，该厂也没有独特的优势，故重建并不是明智的决策。

在灰理论里，选择与设计、规划、决策的关联度很大。决策一般是包括事件、对策、效果、目标四要素的选择。针对上述生物基因公司与纺织厂的实例：怎样才能避免犯错呢？一般应选择画一棵决策树：

第一步：列出所有能解决问题的选项。思路越开放，选择会越多。如重建纺织厂，放弃纺织厂，重开一家"转型"厂等。

第二步：将所有选项带来的后果写上，并尽量写全。要请教专业人士，了解相关知识、政策等。如最新的国家政策、保险赔付情况；未来发展的预测等……

第三步：理智分析，灰度决策。要贯彻决策民主化、科学化、国际化、网络化等潮流，给灰度决策提供更多的内涵，坚持摆脱落后的"非黑即白"两个极端的单一价值观，使"非唯一性"统一的灰学的思想真谛，走进灰度决策的殿堂。

2019年，孙万鹏《再谈灰度决策》一文

摩根大通CEO杰米·戴蒙说：

"灰度决策"，抓住了领导力的核心。它富有洞察力而又坦率地告诉我们，我们要基于事实和分析进行管理，但要基于尊重和人性来解决问题。我相信，任何人都可以从中获得收益。

日本松下公司总裁津贺一宏说：

松下公司创始人松下幸之助的观点与《灰度决策》的观点一致性较高。所有的商业领导者，不管他们要解决的问题是什么，"灰度决策"都会激发他们的灵感。

1984年，我与日本静冈县农业考察团会谈并作"灰度决策"。

NBC环球集团CEO史蒂夫·伯克说：

管理的全部意义在于作出艰难的决策。《灰度决策》给所有负责作艰难决策的人提供了行动框架。

安进公司前总裁兼CEO，美国哈佛商学院高级讲师凯文·沙拉尔说：

灰理论的"灰度决策"，从错综复杂的管理困境中开辟出一条真实而可行的路径，不仅告诉管理者如何思考，而且告诉他们该如何解决。

中国人民大学教授、华为常年管理顾问吴春波说：

华为的任正非先生运用"灰度管理"的理论与实践，读后使人深受启发。

IBM Netezza产品经理、项目负责人克拉克·华纳说：

《灰度决策》可帮助管理者判断何为"正确"，尤其当正确的事情并非显而易见时。

1984年，时任浙江省农业厅厅长孙万鹏与日本静冈县农业考察团

世界500强公司华为总裁任正非说：

一个领导人重要的素质是方向、节奏。他的水平就是合适的灰度。坚定不移的正确方向来自灰度、妥协与宽容。一个清晰的方向，是在混沌中产生的，是从灰度中脱颖而出的。

阿里巴巴总裁马云、新东方总裁俞敏洪、著名职场培训专家吴甘霖联合推荐《灰度·管理》，认为：

任正非的灰度管理掀起最“灰度色的管理风潮，用书中国”的方式迈向辉煌。

《灰度·管理》以开放宽容为核心，阐释企业在战略、发展创新、权利分配、管理的尺度和原则诸多方面的问题；解决了管理者在企业发展方面、创新能力、人才流失、原则和尺度的把握上遇到的困境。它是我们中国自己的管理原则。

腾讯公司董事会主席兼CEO马化腾说：

互联网是一个开放交融、瞬息万变的大生态。我认为，追求多种可能性、多样性，拓展自己的“灰度空间”，可使创新“灰度空间”源源不断涌现，它遵循“小步快跑”的灰度法则。认为，什么样的企业组织，决定了它能容忍什么样的创新“灰度”。

四、孙万鹏在《孙万鹏灰学文集》（10—12卷）首发式现场的讲话

各位嘉宾，首先，我要向各位来宾做个说明，本人向中华人民共和国成立70周年献礼的讲稿，已经印了一百来份，加上电子稿，估计在座每个人都拿到了。所以，我想不搞形式主义地再念一遍，就讲补充的两点：一是“九点感谢”；二是灰学应用的“九个例子”。

先讲九点感谢：我的《灰学文集》10—12卷300万字能够在这里首发，首先要感谢《浙江日报》的老社长，现任浙江省记者协会主席的李丹先生，《浙江日报》原副总编钱吉寿先生，给我们提供了浙江日报社的国际会议厅。

二要感谢从外地赶来赴会的国务院原副秘书长刘济民先生和中国管理科学研究院农业经济技术研究所所长胡兆荣。

刘济民先生80多岁了，昨天下午赶来赴会，今天晚上就要赶回上海，还要赶去北京参加会议，完全是为这个半

浙江省记者协会主席李丹

天的会议来的。真可谓是“得友天下士，旦夕相过从”，我非常感谢济民同志，谢谢！

《浙江日报》原副总编钱吉寿

三要感谢浙江大学的程家安和邹先定等到会支持我这个离开学校已经56年的老校友。

四要感谢中国水稻研究所现任领导方向和众多退休老同志来支持我这个在水稻所退休近20年的人。

五要感谢大病初愈的顾益康和年岁已高的徐立幼、刘孝英教授；感谢主持会议的俞仲达：感谢积极担当后勤工作的叶江水。

国务院原副秘书长刘济民

六要感谢原供职于美国模拟器件公司的总经理廉绵第先生的参会，他还给我们的会议送来了100本他的著作——《浅谈文化发展》。

七要感谢浙江省农业农村厅的领导和同志们参会，他们是我曾经工作过的地方的战友。

八要感谢来自黄岩、路桥、椒江的多位嘉宾参会，他们中好多人是我几十年前的老朋友。值得一提的是，他们同时也是现在灰学著作的作者。

九要感谢一批活力四射的设计界的朋友和媒体朋友，他们给我们的会议增加了活力。

下面我讲第二部分灰学应用的例子。因为时间关系不能讲得太多，很简单地讲九个例子：

第一个例子：对自然界与自然序的认识突破尝试。

传统科学和哲学的基本信条是存在 =物质 +精神。强调物质与精神谁是第一性。灰学（灰熵学）研究表明：关键的问题是物质与精神之间不能没有信息作中介。没有信息，我们就不可能把握物质或精神。而且，强调人类对自然的认识过程是由信息的确定部分和不确定部分（即灰信息）共同构筑的。我们需要按照自然界和自然序提供的灰信息，及时修正被几千年来科学当作绝对真理使用的基本公理，诸如“空间、时间、质量数、荷量数”

等公理。认为存在某些不需要经“灰信息”检验的所谓公理，是西方科学的“始点性”错误。霍金在《时间简史》与“黑洞”理论发表后，笔者就明确提出了将“黑洞”改为“灰洞”的观点。到2014年1月24日霍金在《黑洞的信息保存与气象预报》的论文中，承认自己观点的错误，并说：由于找不到黑洞的边界，因此，“黑洞是不存在的”，不过“灰洞”的确存在。

第二个例子：对西方盛行的扎德模糊学突破尝试。

被称为“模糊学之父”的美国数学家扎德，1965年发表了论文《模糊集合》，这标志着一门新的数学科学——“模糊学”诞生。其研究的是着重外延不明确，内涵明确的对象。

应该说，模糊性已成为当代逻辑学、语言学、知识论、形而上学和法学多学科交叉研究的一个的热门话题。现已发现模糊谓词“容忍”小幅度的变化，又没有预先定义好确定的外延。往往产生“连锁悖论”，无法解释散布在世界各国的诸如“谷堆悖论”“王悖论”“奎恩悖论”等。

灰学（灰熵学）继承了邓聚龙教授提出的带信息的数——“灰数”，以认知信息为依据，建立了表现、灰和、灰差、灰覆盖、构造等新概念、新理论、新方法，首次量化研究了主体对客体的认知过程。与扎德模糊学着重“外延不明确，内涵明确”相反，着重“外延明确，内涵不明确”，且通过信息补充来解决内涵不明确的问题，2016年灰学（灰熵学）在解决我国高铁轴承“短板”上发挥了重要作用。

第三个例子：对皮亚杰心理发展阶段论突破尝试。

全球闻名的教育心理学“巨匠”——让·皮亚杰，一生从事智慧活动。然而，可惜的是，他的智力理论仅在发生认识论上发挥作用，而在“人格”这种惯常心理行为表现的应用研究上，却似“懒木匠造楼房，三年未上一根梁”。[1]

20世纪50年代，皮亚杰借鉴逻辑学的运算等概念，提出个体的思维发展经历感知运动、前运算、具体运算与形式运算四个阶段，并认为形式运算是个体思维发展的最高及最终阶段，并在青少年时期已出现。灰学（灰熵学）研究发现，这是一个不小的失误。研究表明：形式运算思维并不能恰当地阐述与解释成人期的思维发展状况。形式思维具有“前形式思维与后形式思维”的非唯一性，它们之间存在着质的区别。

事实上，具有灰学（灰熵学）思维者更易理解，为什么现在一些刚进入

1. 孙万鹏.表现学[M].济南：山东人民出版社，1991：203-204.

大学的新生，对于大学里学习的一些知识或教授的提问，感到没有“唯一确定”的标准答案，而有些难以适应。

目前的研究业已证明：后形式思维也指一种能力，处理部分确定、部分不确定，并整合权衡“短点”与“非短点”问题的能力。处于后形式思维阶段的个体，既依赖于“短点”的逻辑规律，也依赖于“非短点”的顿悟，解决问题时更灵活、更开放，更具适应性。

第四个例子：对马斯洛需求理论的突破尝试。

亚伯拉罕·哈罗德·马斯洛，在1954年出版的《动机与个性》一书中，从人的行为动机角度描述了人的需求层次性。从开始的5层次论到1970年的新版书内的7层次论（生理、安全、感情、尊重、理解、美、自我实现）。我认为，具有一定的合理性。然而在灰学（灰熵学）看来，该理论割裂了层次的社会需求与个体需求的非唯一性关系，面对当前社会的系统化与复杂性，显得孤立与薄弱。

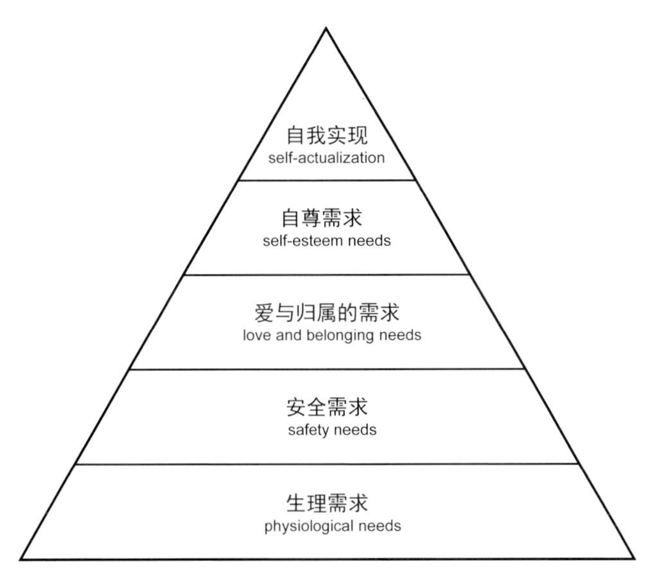

马斯洛需求理论金字塔（编者自绘）

“灰理论”认为，人必须“消化”负熵才能生存。除了人的需求层次论外，在人体已经处于耗散结构的条件下，应将绝对值等于内部熵产生的负熵流，称为个人基本需求。这就点出了需求的本质层面问题，对解决世界贫困人群工作具有重要指导意义。

第五个例子：对21世纪科学哲学难题的突破尝试。

美国全国科研委员会曾提出21世纪11大科学难题的报告。

首先提到的是宇宙中普遍存在目前人们根本不了解的物质存在形式，即“暗物质”。证据有三：一是可观察宇宙具有扁平体结构。既然有此结构，就必然有相应的宇宙总质量密度。二是天文观察证明已知的物质量，只能满足此结构所需的总质量密度的4%。三是按现有理论，太阳有97.4%质量缺失了。行星运动速度分布曲线、宇宙大尺度结构的形成、引力透镜实验与子弹星系团等，都证明了暗物质的存在。

在灰学（灰熵学）看来，上述难题意味着，既有理论的适用范围在2.6%~4% 之间，还不是唯一确定的4%。

宇宙学最近两个发现证明，普通物质和暗物质还不足以解释宇宙的结构，还有第三种成分，它不是物质而是某种形式的“暗能量”。宇宙正在膨胀，在目前“短点”上，是科学界公认的事实。按照量子场论的基本原理，必须存在时空结构向外扩张的“暗能量”。它是目前为止，人类认识物质之间四种互相作用（强、弱、电磁与引力作用）之外的能量。

灰学（灰熵学）认为，“暗能量”对20世纪的量子理论构成了严重的挑战。如果说，牛顿力学的边界条件是建立在欧几里得绝对时空之上，接近于低速运动描述的实际时空；狭义相对论仅适用于平直的欧几里得相对时空，广义相对论只适用于用实数表达的黎曼时空；量子论则只适用于实数表达的平直的欧几里得相对时空。

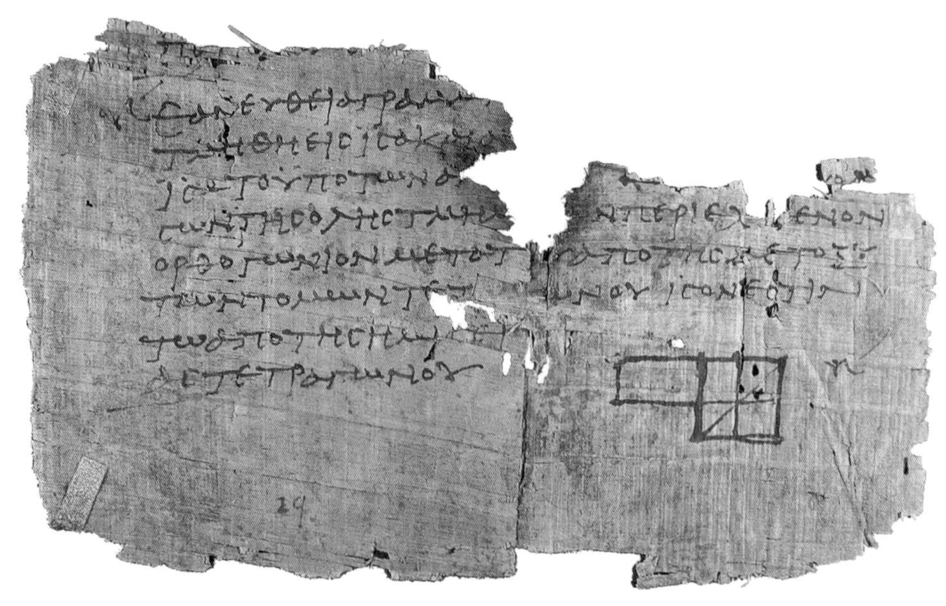

欧几里得手抄记录

第六个例子：对欧几里得几何系统“悖论”突破尝试。

我们知道，由欧几里得公理与定理组成的几何系统，可称为“欧几里得系统”。

据灰学（灰熵学）的非唯一原理，除了存在欧几里得系统外，还应存在非欧几里得系统。前者可以推出一个三角形的三个角之和等于180° 与勾股定理（$a^2+b^2=c^2$），但是，这只是在“短点”的地球平面上存在的确定性规律；在非欧几里得几何系统（洛巴切夫斯基系统）中，三角形的角和不等于180° ，在地球的球面上勾股定律不存在。在非欧系统里，并不存在形状相同而大小不同的三角形。形状是由大小决定的。

非欧公理与欧氏公理是完全相悖的，它向我们显示了在人们看来十分正确与确定的几何学领域，照样会“悖论”丛生。然而，这种复杂性，在灰学（灰熵学）理论里，又显得很简单。它就是灰学非唯一性原理包容的公理的非唯一性。撇开这一点，就会产生三角形“角和”等于180° 是真的，三角形“角和”等于180° 是假的悖论。实际上，欧氏系统是仅适用于三角形面积一定小的“短点”情况下的特例。

第七个例子：对科学追求唯一确定性的突破尝试。

在年轻时，我热衷于科学，对科学精神“质疑、独立、唯一”情有独钟。后来，认真学习了经典科学牛顿力学之后，对其三定律佩服得五体投地。牛顿把所有地上和天上物体机械运动的奥秘“和盘托出”，不仅回答了物体如何运动的问题，而且回答了物体为什么按规律运动的问题。有一段时间，科学界兴起的“科学终结论”，我不以为然。

后来发现，牛顿三定律是在物体的速度远低于光速和不涉及原子或亚原子粒子的力学中，近似有效的。唯一确定性之说，是不科学的。如果一定要说“唯一”，那就像是人们在银行存款，在某“短点”时期，银行给你的利息是唯一确定的。在某些机械力学实验中，在可以包容某误差率的情况下，追求科学精神的唯一性，算是可行的。

然而，在灰学（灰熵学）看来，在科学发展的长河之中，强调科学精神的唯一性，有可能会阻碍科学的发展。这一点连伟大的科学家爱因斯坦都未能幸免。爱氏于1921年荣获诺贝尔物理学奖后，一方面宣传自己的“光量子假说”，一方面仍强调唯一确定性，其口头禅是“上帝不玩弄骰子”。因为，赌场里掷骰子，是不可能掷出唯一确定骰点的，否则，力学大师就要通吃“赌钱”了。

应该指出，爱氏获诺奖之后的30多年，与哥本哈根学派的量子论创始人玻尔等争论，一直延续到逝世。这成了全球科学界的憾事。事实证明：量子的活动轨迹不是唯一确定而是符合概率论的。

第八个例子：对传统矛盾普遍性理论的突破尝试。

在灰学（灰熵学）看来，差异不是矛盾，矛盾也不是差异。差异存在于一切事物及思维的过程中，并贯穿于一切过程的始终。这是不同于互相排斥、互相对立的矛盾的基本点。以前许多学者的思想，尤其黑格尔的“差异就是矛盾”的观点，影响了人类思维数百年。

实际上，正如恩格斯所说：“两极对立在现实世界只存在于危机中。”这就将矛盾的普遍性下降成了危机中的特殊规律了。而差异中的个性，就如“世界上没有两片树叶是完全相同的”那样。从个性的意义把握哲学，我们才能对哲学思想史上的各种哲学的价值和意义，有“小杏惜香春恰恰”的认识。

灰学（灰熵学）认为，要在“过往—现实—未来”的三元中，把握个性。任何一种哲学都包含着人类对“井井兮有其理”的理想之追求，然而，在现实中的人类理想是多样化的，满足这些需要的哲学，注定是丰富的个性化。哲学一旦将人的生命本性当作自己的“柢固则生长，根深则视久”的蟠木根柢时，“哲学才能获得个性化的内容和形式”。我认为强调“灰度决策”“灰度管理”“灰度法则”，无疑是正确的，这是具有中国理论特色的“工作哲学”。

第九个例子：对科学与历史终结论的突破尝试。

大家知道，第一种科学的集大成者牛顿，在18世纪的英国人眼里，是一位神化了的人物，空前的民族英雄。亚历山大·蒲柏在为牛顿所写墓志铭中说：“自然和自然法则在黑夜中隐藏；上帝说，让牛顿去吧！于是一切变得光明。自然不得不屈从他的聪明才学，愉快地向他交出她的全部秘诀；她对数学不曾设防，因而只待向实验结果投降。”于是，全球括起了一阵“科学终结论”之风。

20世纪末，美国职业科学作家约翰·霍根出版了《科学的终结》一书，再一次刮起了“科学终结论”之风。然而，科学非但没终结，反而发展更迅速了。

还值得一提的是，著名政治学者福山，认为现在的西方社会是人类历史发展的最高阶段，其潜台词是：无论自然科学、社会科学、政治科学，都是以西方为中心。非西方的民族和国家的科学，都不过是“地方性知识”而已。灰学（灰熵学）认为，任何知识都是“非唯一性”的、多元性的、地方性的。唯一性的“中心论”是不可取的。福山1989年提出的西方中心论的“历史终结论”，却应该到终结的时候了。这是科学实践哲学告诉我们的结论。

最后，我再说一件事：这两天有位资深学者向我提出建议，希望我们今后能再写一部我国五千年来的道家经典、儒家经典、兵家经典、法家经典、纵横家经典、佛家经典、中医经典、智囊经典、灰学经典的著作，奉献给国家与世界。这件事，需要我们会后经过论证后再作回答。其实，中国水稻所一位同志说得好：“中国的传统文化都是部分具有确定性、部分具有不确定性的灰学。”

我期望，通过这次灰学（灰熵学）学术研讨会的召开，能让“工作哲学”与“科学家精神”相结合：一是使原来在气质理论、数学、经济、农业、医疗、生态、气象、政法、历史、文化、教育、出版、交通、运输、工业的“灰色预测”“灰色控制”的应兴应革上有进一步的提高；二是在以上基址不坠的前提下，进一步加强对“灰度决策”的推广与应运；三是通过各方努力，使原产于华夏的“灰科学”哲学理论，在促进我国经济等各个方面的发展上做出应有的贡献。

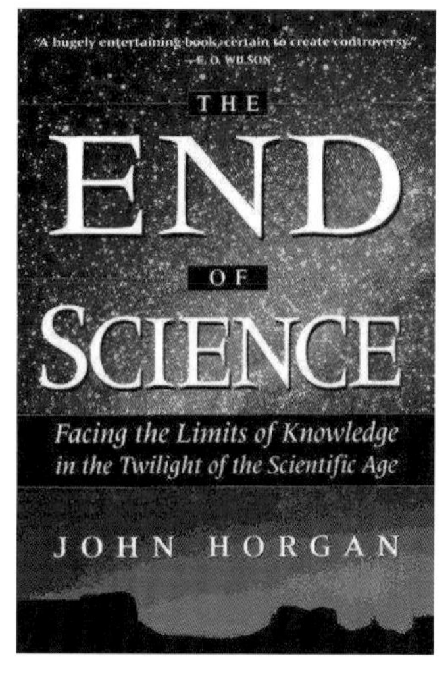

1996年版《科学的终结》

1992年版《历史的终结与最后的人》

附录三

各方对灰学（灰熵学）的评议

（1991—2021年）

钱学森（中国著名科学家）

“灰学是一门新兴学科，在美国就有MIT的Forrester, Dennis Meadows, Peter Senge，还有Sante Fe Institute等，所以是一门大有前途的理论。”

李鹏（时任国务院总理）

1991年春节，在全国政协召开的春节茶话会上肯定并赞扬说：“灰理论很有意义。”

朱镕基（时任国务院副总理兼国务院生产办公室主任、党组书记）

1991年7月，在视察三峡工程时曾问：“灰理论在三峡工程中的应用情况如何？”

刘云山（中共中央政治局常委，时任中宣部常务副部长）

“孙万鹏同志，你不生病，也可能与我们一样，干一个副部长。但是，在我国省长、部长多得很，灰学创始人只有你一个。生病使你因祸得福，给了你创建灰学巨著的宝贵时间。现在，有理由相信，你的灰学理论将会逐渐显示出它的价值，以至流芳百世。我特向你顽强战病魔，潜心做学问的精神致意，愿你注意身体健康，将灰学进一步发扬光大，为我国以至人类做出更大的贡献。”

徐光春（时任中宣部副部长）

在接见时，紧握孙万鹏的手说："我也是浙江人，祝贺您，我的老乡。祝贺您的灰学巨著出版，祝贺灰学会议在京隆重召开！"

钱永健（2008 年度诺贝尔化学奖获得者，钱学森侄子）

"谢谢您与我分享对《老子》的诠释。"

邓聚龙（世界灰色系统理论创始人，原华中理工大学博士生导师、教授）

"孙万鹏先生在学术上是知识渊博，才华横溢的灰学创始人；孙先生在品格上是为了事业，为了祖国，奋击拼搏的楷模。""孙先生的书，我拜读得比较早，看后，我很惊奇，我觉得作者真是个人才，不管是从问题的高度层次，从书的内涵，从作者的知识丰富的程度和对问题的剖析的程度，都不是一般的，是大手笔。"

董光璧（中国科学院自然科学史专家）

"万鹏先生的大作《第3种科学》别开生面，在深入思考四百年科学思想发展史的基础上，运用辩证法正、反、合的逻辑，提出未来科学思想的走向。我想'五个一'工程若能奖励孙先生这部力作，历史将证明是正确的。"

丘亮辉（国际易学联合会荣誉会长，"太湖书院智库"总顾问）

"孙先生的《第3种科学》一书，我读后很感兴趣，觉得写得很好。它是一种新的概念，一种创新，一个发展，是大跨度的科学新分类。实际上，是第一种科学与第二种科学的继承与发展。第3种科学的产生，不是凭空出来的，其产生是必然的，孙先生的考察研究，令人信服。孙先生的《灰熵学》，可谓是宏论大作，蔚为壮观，中道特色，利国利民！"

刘锡荣（时任中共浙江省委副书记、纪委书记）

多次来孙万鹏家看望患病中的孙万鹏，关心灰理论的研究。当刘锡荣看到孙万鹏夫妇总是骑着一辆破旧自行车，两个儿子没有工作，感叹地说："根据你们的情况，两个儿子安排一个工作，还是可以的。"孙万鹏总是以郑板桥的话作答："让他们'流自己的汗，吃自己的饭，自己的事自己干。靠天靠人靠祖宗，不算是好汉'。"

顾锡东（时任浙江省文联主席）

欣然为孙万鹏《灰学》首发式题词："拜读华章亦快哉，崭新领域豁然开。素知生命常青树，理论而今始信灰。"

高明光（时任中宣部出版局局长）

"孙万鹏不是'经院式'的学者，而是有丰富实践经验的学者，其灰学著作不仅对理论界同志有理论上的启发，而对各个领域都会有重要价值。"

顾为政（时任山东人民出版社副社长）

"孙万鹏同志的灰学系列著作，作为文集，今天首次向社会发行了，也就是说，作为孙万鹏灰学理论的整体奉献给社会了，这是我国社科理论界的一件大事，是人类思维方式革命的大事，具有世界性意义。"

史开泉（时任灰色系统研究所所长）

"孙先生的书很有功底。有邓聚龙的书，侧重于用数学语言讲话；有孙先生的书，侧重于用哲理语言讲话，灰理论就完整了。"

王清印（时任河北煤炭建筑工程学院教授）

"孙先生的书相当精彩，让我这样的读者也喜欢上了，说明孙先生写的书是相当、相当好的。其特点是将哲学、系统论、逻辑等有机结合在一起了。"

严智渊（上海工业大学教授）

"孙先生的书，不看不知道，一看真奇妙。我已教了37年书，其他的书也看得多了，孙先生的书是新颖的。说他的水平吧，我看能写这同样的书的人不多的，我以前还没见到过。"

朱祖祥（中国科学院院士，中国水稻所所长）

朱祖祥院士在《灰学》首发式上发言，热情称赞孙万鹏在病中研究灰学说："这种精神非常可贵！非常值得学习！我看了他的著作，感到很精彩。我为今天能有26个省市代表来参会，祝贺《灰学》首发，感到高兴。"

铁瑛（时任中顾委委员，中共浙江省委第一书记）

“对全国灰理论研讨会暨孙万鹏所著《表现学》《灰色价值学》等公开发行表示祝贺！并对孙万鹏抱病著书立说的可贵精神表示赞赏。”

刘枫（时任中共浙江省委副书记）

“我对孙万鹏与病魔抗争的顽强精神表示钦佩！愿“灰理论”在社会主义现代化建设中发挥更大作用。”

陈冰（时任天津市政协主席，中共浙江省委宣传部原部长）

紧握孙万鹏的手，希望他战胜癌魔与创建灰学取得“双成功”！

罗庆成（时任浙江省农学会灰研会理事长，教授）

“我感到，孙先生是一位多‘T’型的人才，是个奇才。孙先生的著作是令人回味的佳作和边缘学科，每一个学科都涉及了，是多学科交界的地方长出的启发之作。孙先生的阅历很深，知识面很广，而且，灵感也很丰富。”

刘志澄（中国农科院原副院长，时任中国农学会常务副会长）

“孙万鹏著的《灰农学》从短点与非短点的动态过程来看问题，变‘一方先于一方’介入型为协调发展，这一点非常重要，对解决当前和今后农业问题有重要意义。”

杨巍然（时任中国地质大学副校长）

“灰学是一门很有前途的学科，就地质科学来说，就是地道的‘灰色系统’，我对孙先生的理论十分崇敬、佩服，的确很了不起。”

李荫森（浙江省社会科学院原副院长，教授）

“孙万鹏创立灰学、发展灰学的艰难是可想而知的。我认为，创建一门新学科，一门新型的思维科学，其意义是不言而喻的。”

李开鼎（中国老教授协会常务副会长，顾问）

“吴文上先生台启：收到万鹏先生大作《灰熵论》，得窥这一新科学领域的概貌，顿开茅塞，十分高兴。耑此谨致谢忱。敬祝撰安！”

刘宏昌（《人民日报》高级记者、编辑，《市场报》副总编辑）

“灰学作为一门新兴学科，大有发展前途！孙万鹏作为灰学创始人，思想理论之大家，做了一件前无古人的事业。

我更赞赏孙万鹏的严谨治学态度。在引用古今中外名人名著时，都标明来源出处，一丝不苟，虚怀若谷。”

程飚（湖北省电子工业发展公司副总经理、高级工程师，灰控制器发明人）

“我不知道该用什么语言来表达对孙先生的崇敬之情，我对灰学著作是爱不释手的。我认为，孙先生深邃的理论思想，不只是影响一代人的问题，而必然会影响几代人，给几代人做出贡献。”

柳斌（时任国家教委常务副主任、国家总督学）

在孙万鹏《灰学文集》北京新闻发布会后，柳斌告诉他儿子，要认真学习孙万鹏的灰学理论。他带着儿子见孙万鹏时说：“孙老师与我是在中央党校学习时的同班同学，他（孙）是学得最好的。”

吕子东（量子宇宙学与中微子研究专家）

“支配20世纪科学界的哲学思想，由于灰学的出现和兴起，也就是‘第三种哲学’或‘第三种文化’的兴起而受到普遍性的冲击。如众所知，人类对自然的认识过程是由信息的确定部分和不确定部分共同构筑的，因此人类所能表达的自然界只能是‘灰的’。由此，以往所谓的基本公理都须接受新的检验。”

徐玖平（时任成都科技大学应用数学系副教授、信息与决策研究所副研究员）

“‘江南出才子’，今天我有幸亲眼看见了。孙先生不愧为才子。从孙先生书中可以看到：‘灰现象’‘灰理论’已经上升到‘灰文化’现象了，相信，它将在中国大地上传播开去，其意义不可估量。它必将给华夏文化做出重大贡献。”

司徒松（中国水稻研究所研究员）

“孙先生灰学理论的创立是我们中华民族宝贵的科学财富，影响深远。我在美国康乃尔大学做访问学者进修与合作研究时，有关学科的教授对邓聚龙灰色系统理论给予高度评价和敬意，使我们在海外的华人也感骄傲。今天孙先生又创立了灰学，为中华民族在世界科学之林中又添异彩。建议出英文版向国外公开发行。”

张志涛（时任中国水稻研究所副所长，研究员）

“我觉得灰学这个东西确实有用，它比一般自然科学高一个层次，它可以指导我们在自然科学研究中少走弯路。这点特别重要。”

最近，张志涛在离退休支部会上又说：“灰学，属于哲学的范畴。灰学的本身，也是灰色的。当今的热潮是大数据、云计算，是精准！正在诸多领域突飞猛进！但是，无论多么精准，总有模糊的区间、灰色的地带。一些算法本身，也是灰色的。这一切，正是灰学的魅力所在！”

葛乐麟（中国水稻研究所退休第二党支部组织委员）

“今天支部会上听了孙书记的讲话，很受感动。孙书记退休20年，著作等身，至今仍耕耘不止，每天写作3000字以上。平时吃的是食堂饭，更没闲暇逛西湖，总感到时间不够用，真正做到了人退志不退。他的事迹我们学不到，但正如蒋玉铭（原中国水稻研究所党委委员）说的，他是我们水稻所的骄傲，他的精神是我们学习的榜样。”

叶元林（原中国水稻研究所产业处处长，国家水稻生物学重点实验室党委书记、研究员）

“孙万鹏是时代精英。”

张明（原聊城师范学院（现聊城大学）校长，教授）

“孙先生的《第3种科学》是时代的产物。我看了以后非常感动。它对科学的发展是一个重大贡献，对思想解放是个推动。”

唐明华（山东省威海市专业技术拔尖人才，文化名家）

“祝贺‘灰理论’在实践之树上结出硕果！孙万鹏踏遍青山，览尽春色，堪称‘当代徐霞客’。”

张升耀（浙江省审计厅原厅长）

“看了《周游50国》等书，感到孙厅长知识面非常非常广！我很钦佩！”

徐宇宁（时任浙江省审计厅厅长）

“听审计厅老厅长张升耀介绍，住我楼下的邻居孙万鹏知识面很广。前几天我看了孙老的书，的确如此，真的了不起，不容易！”

冯翔（《生命之树常青》作者）

“看了孙万鹏的《周游50国》，写得非常好，知识面广、文采好、精炼。我在看第二遍，好似第二次出国周游了。”

解安（时任清华大学博士生导师，教授）

“尊敬的孙万鹏老师与夫人，二位前辈好！收到孙老新作《周游50国》，甚是兴奋！很是敬佩前辈精神！”

刘希强（《聊城大学学报》自然科学版主编，聊城大学教授、硕士生导师）

“孙先生的三种科学的划分，是对科学发展过程的高度概括，具有开创性。研究的内容、方法、结果都是严密的，是经典科学与现代科学相结合、确定性与不确定性相结合，这些见解很精辟，独成一家。”

王凤林（中国社会科学研究院高级研究员，享受国务院特殊津贴专家）

“前几年，我看了孙先生提出的‘第3种科学’和第三种医学理论，对我研究养生保健有着极大的指导意义。今年（2017年）我已经95岁，日前，我连续几天看了孙先生著作《灰学札记：‘社会热点’的灰学评述》，使我浮想联翩，满脑子《灰熵学》，思考了许多问题，开阔了眼界，增长了知识，深受启发，广受教益。”

廉绵第（《浅谈东西方文化发展》作者）

“《灰熵学》是孙万鹏先生提出来的。它是从自然界、社会界普遍存在的第三种现象概括出来的‘第三极理论’，在哲学史上有划时代的意义，这是一个了不起的成就。我倡议中华民族应该普及一下《灰熵学》理论，把中国特色的社会主义国家推向前进。”

任养�（武警北京总队医院原业务副院长，《世界医学》杂志副主编）

“在《第三医学的崛起》一书前言中，我曾写道：‘第三医学理论’是‘灰熵学’

创始人、世界灰学文化联合会主席孙万鹏先生提出来的。我是以孙先生的理论为指导编写该书的。”

巩光临（北京安立文高新技术有限公司总工程师）

“可喜的是，现今所有新思维哲学具有指导意义的专著中，中国学者孙万鹏先生的《灰谐论》可谓独占鳌头。他提出‘第三医学’的概念，将博大精深的远古文化与现今以至于未来的哲学理念合而为一，是自然科学与人文哲学融为一体的崭新概念。”

周新建（北京中医药大学东方医院核医学主任医师）

“‘第三医学’是继西方现代医学和中国传统医学体系之后又一种全新的医学体系，它是医学发展至今尊重人性，以人为本的必然产物。”

许岩（时任浙江省农村干部管理学院院长，浙江省农学会常务副理事长）

“孙万鹏灰学文集的出版，是一件值得庆贺的大事。我对孙万鹏同志的成就表示钦佩与祝贺！我认为，孙万鹏同志若没有在中央党校打下深厚的理论功底，若没有在黄岩实行的改革实践，要创建令邓聚龙教授也敬佩不已的灰学理论，是难以想象的。”

张明决（时任浙江省人民政府参事室副主任）

“恭喜灰理论助力中国高铁突破成功！新理论在实践中得到验证，是件大好事，可喜可贺！”

魏廉（浙江省原城乡建设厅厅长，浙江省城市科学研究会顾问，教授）

“孙先生的哲学思想、对科学不断探索的精神，是值得我们整个民族去发扬光大的。”

李小平（时任上海公共行政与人力资源研究所研究员）

“今天，我是来向孙万鹏老师学习的。我读过孙老师的一些著作，感到孙老师的著作气势恢宏，博大精深，令人叹服。特别是孙老师的孜孜不倦的精神。在目前学风比较浮躁的情况下，孙老师仍能在建立他的学科体系及应用上下功夫，确实很感动人，我很敬佩。”

武夷山（时任中国科学技术信息研究所研究员）

“在中国，培根以‘知识就是力量’的提法而最为著名。培根的原著我没有认真读过几本，孙万鹏先生在《第3种科学》中有关培根的一些论述是我以前不知晓的，因此，我对孙先生的学识很佩服。后来知道，孙先生是患癌症后写该书的，我对孙先生是双重的佩服。”

刘孝英（原浙江农业大学经贸学院副教授）

“孙万鹏同志创造的奇迹，是一般人所做不到的。他是一个品质高尚的人，超脱自我的人。过去我在课堂上曾讲过孙厅长其人其事，学员们听了都很受教育。

我目前在校讲领导科学。孙万鹏确是我们领导中最佳形象者。

刘孝英老师说:《灰熵学》文集，工程巨大，流传千古；灰学理论与管理思维结合，填补了空白。”

俞仲达（时任浙江省政府办公厅主任）

“我曾在农业厅孙万鹏先生手下工作过。他追求真理的精神，他的理想信念，他的为人，他对事业孜孜不倦的追求，包括廉洁从政，我终身受益。”

姚志文（时任中共浙江省委组织部副部长，浙江省人才办主任）

一次，姚志文对孙万鹏说:“你是我的恩师，我为你创立的灰学理论在国际上认可度越来越高感到十分高兴。祝贺、祝贺！”

赵兴泉（浙江省农业厅原副厅长，浙江省农函大校长）

“我近日在黄岩，大家都在说孙书记好（我们离开黄岩已经有30多年了），我听了都很高兴。”

童日晖（时任浙江省优质农产品中心副主任）

“孙万鹏是我们年轻人尊敬的老厅长。他出的每一部书，取得的每一项成就，我们年青人都很关心，都很高兴。”

潘祖礼（黄岩县政府办公室原主任，离休老同志）

“在看了冯翔撰写的孙万鹏传记《生命之树常青：灰学创始人孙万鹏传奇》后，

十分感慨：真可以说‘如何做共产党员？请看此书。如何做官？请看此书。如何做人？请看此书。如何做学问？请看此书’。”

韩民青（时任山东社会科学院哲学研究所所长，研究员）

“孙万鹏先生的精神是中华民族的精神，是文化的精神。孙先生是中国学者的杰出代表，孙先生的治学精神值得钦佩。”

李凤梧（时任山东省委宣传部副部长）

“孙万鹏的大名，我脑子里早就有印象。孙先生的《表现学》一书，曾被评为十五个省优秀图书一等奖。孙先生其人、其事感人、感天。他是有志气、有精神、有感情、有创新的优秀理论家。”

张湘琴（时任中国农业大学人文与发展学院教授，博士生导师）

“我认为，孙万鹏的《第3种科学》是一部重头的灰学理论著作，从古今中外思维方式、认识论、方法论的演进看，渊源深远，不断发展。在工业、农业、社会经济、军事和国防、文化教育、体育、卫生防疫、环保诸多方面，都取得了很多成效。的确是一部言之有物、持之有据，成为一家之言的很不简单的新理论。”

沈亨理（时任中国生态经济副理事长，中国区域生态经济专业委员会主任，教授，博士生导师）

“孙先生的广博知识，我佩服极了。我是研究宏观横向的，可以研究很多方面的问题；我夫人是中国科学院研究员，研究微观横向的，也可研究很多东西。我俩结合起来研究孙先生的书，感到孙先生的书实际上是一种给人们提供研究规律的武器。极具特色，很难得。人们要有成就，依我看，离不开第3种科学。”

杨直民（时任中国农业大学农业科技研究员）

“孙先生《第3种科学》观点的提出，是学术上一个重要的进展。科学，分类问题，苏联的海洛夫搞了一辈子。孙先生从第一种科学、第二种科学、第3种科学来分类，我认为是站在前沿的。往前突破了。”

毛士艺（时任北京航空航天大学教授，博士生导师）

“我认为，孙先生提出的新观点是一个火花，要使火花燎原，要渗透到许多科学领域，用它来发现一些新的规律，给予新的说明。孙先生用新的科学思想来指导新的科学技术的发展，这是非常有意义的。”

郑重（原农业部副部长，国务院农村发展研究中心副主任）

“孙万鹏同志确实有一种超人的意志，坚持的毅力来从事灰学的研究。我觉得中国科学的发展能在国际学术界占有一席之地不容易，是需要做很多工作的，国家应给予支持。”

王伟光（时任中央党校副校长）

“我对孙万鹏同志的为人和做学问的崇高精神表示钦佩，我认为孙万鹏同志顽强战病魔，潜心搞研究，身体力行，是精神文明建设的模范与典范，值得我们大家学习。我希望孙万鹏的灰学理论及其精神，都能在全国范围得到推广，发扬并光大。”

何康（原农业部部长，联合国国际粮农组织粮食奖获得者）

“从孙万鹏夫妇游历考察世界56个国家发回来的文章看，在真实性、趣味性和启发性等方面，都达到了一个新的高度。”

郑梦熊（人民日报社原副社长、副总编，时任中国记协党组书记）

“孙万鹏同志的灰学理论，研究方向明确，定位合理，在方法论的研究上成绩卓著，其创建的灰学思维方式，具有重大的理论与实践意义。我向孙万鹏同志的成功表示热烈祝贺。”

张象枢（时任中国人民大学教授，博士生导师）

“孙万鹏在灰学、控制论的基础上又有了新的突破。从控制来讲，有可控性与不可控性，但更普遍的是孙先生讲的第三种。当然，用邓聚龙的一套理论描述也可以，但是有限制。哈肯的协同论提出‘自组织’‘他组织’，实际上，绝对‘自组织’与‘他组织’也是特例。更普遍的是孙先生讲的第三状态。我觉得孙先生的这一步跨越是很重要的。”

魏益华（浙江省委党校原常务副校长，教授）

“思维至上性，真理的绝对性、确定性是第一种状态；非至上性、相对性、不确定性是第二种状态。那么，思维至上性与非至上性的结合，确定性与不确定性的结合就是第三种状态。而这种结合则是灰学理论的焦点和重点。以往，由于时代的限制，对第三种状态未能充分展开研究，留下了重大的遗憾。孙万鹏抓住了上述理论的焦点与重点加以丰富，并展开成一门专门的学问，这使它具有了重大的理论和现实意义。”

吴义生（时任中央党校教授，中国自然辩证法研究会常务理事）

“从简单性科学（还原论）转变成复杂性科学，需要处理的是大量的复杂巨系统、非线性现象和‘灰色’问题。孙万鹏在上述课题的研究上迈出了一大步，对人类科学和哲学事业做出了可贵的贡献，向社会奉献了许多科学性、理论性强的好著作，开辟了新途径，开拓了新领域。这是值得我们重视和肯定的。”

殷登祥（时任中国社会科学院哲学研究所研究员，博士生导师）

“孙万鹏先生利用历史和逻辑相结合的辩证方法，在掌握丰富材料的基础上，凭借其深厚的学术功底和高超的思维能力，概括出‘第3种科学’。其理论意义在于：它是灰学领域内的重大成果，是一种新的科学分类观，是贯彻自然科学、社会科学和思维科学的一种新的思维方法；其实践意义在于：它给人们提供的这种观察问题，处理问题的新方法、新思路，将对我国实施科教兴国战略和可持续发展战略，实现社会主义现代化有重要意义。”

徐立幼（时任浙江大学教授，浙江省政协委员）

“我对孙先生的为人与经历比较了解，他的精神一直在鼓励着我前进。他的‘不患位之不尊，但患德之不崇’的精神，非常感人。他被黄岩人民称为‘焦裕禄式’的好干部。”

顾益康 （时任浙江大学中国农村发展研究院教授）

“孙万鹏是我的恩师。他的灰学思想方法，不同于一般科学和经济理论，是可以覆盖整个世界的高层次学说。它是运用哲学的思想，文学的语言，数学的方法构筑的新理论。它给我们认识、解释客观世界提供了新的思维方式。”

张友仁（时任北京大学教授，美国传记研究院顾问，剑桥国际传记中心荣誉顾问）

“据了解，孙万鹏的灰学理论是从黄岩得到启发，萌芽于黄岩。这使我想起北京大学原校长马寅初的《新人口论》，也是在黄岩做经济调查时受到启发，收集材料，最后写出来的。”

黄志镗（时任中国科学院院士，政协全国委员会委员）

“我祝贺孙万鹏创立了灰学。凡灰学举办的研讨会，我都会争取机会参加学习。”

周拥军（诗人，湖南省作家协会会员，湖南省楹联家协会副秘书长）

“对于孙万鹏先生的灰文化思想我们大为赞赏，对于孙先生将灰学思想在诗歌上的应用，而且有如此大的成绩，我们十分敬佩。相信灰学诗歌必将会形成一种新的诗歌表达方式，对汉诗的发展产生积极的影响。

我要衷心地感谢孙老师，我永远的朋友和师长。”

张同吾（时任中国诗歌学会秘书长，国际华文诗人笔会秘书长）

“我感到孙先生开创的灰学理论是在寻找、开拓在清晰与模糊之间，在有限与无限之间，在有形与无形之间，在已知与未知之间的这样一个更广阔的疆域，而这个疆域是人类思维、人类认知客观世界与主观世界，认知精神世界与物质世界的一个非常宽广的热土。”

周熙明（时任中共中央党校教授、文史教研部副主任）

“我有幸拜读过《孙万鹏灰学文集》三卷本 260多万字中有关哲学、经济学、改革学与各种各样学问的一些章节，非常钦佩。其著作体现了‘智、情、义’汇于一炉，‘节奏、形象和意义’三者统一，真是个奇迹。现在敢于像孙先生这样进行大百科全书一样思考、写作的人，实属少见。

我觉得时代需要孙万鹏这样的人：在做领导时是一位优秀的领导干部；在作诗时是个优秀的诗人；在搞学问时是个知识、智识极其广博丰富的学者。现在是一个缺经典的时代，我们需要孙先生这样的人，这样的精神与意志，情感与知识，写出的中华民族各方面的经典，我们才有希望。”

刘济民（国务院原副秘书长）

“孙万鹏同志本来是学植保专业的，多年从事农村工作。他从农学领域到哲学领域，又到文学领域，又进入人的生命科学领域，在不同学科、不同领域都有不平凡的业绩，创造了奇迹。是什么力量支撑他不断地创造奇迹呢？我看是万鹏同志几十年来所修炼的那种精神的力量。我们从万鹏同志身上，看到了一个人一旦拥有这种伟大的精神，能飞多么高，能走多么远，能攀登什么样的科学高峰，能发掘出多么巨大的潜能！这种精神，集中到万鹏同志身上，就是大彻大悟、大智大勇、大毅力、大品德。拥有孙万鹏同志这样的伟大精神，必定能创造奇迹。”

郭书田（原农业部政策体改法规司司长，时任《通讯》月刊总编）

“孙万鹏的学术成就是了不起的：一是因为他孜孜不倦地阅读了大量古今中外的文献，形成了一个宏大的学术思想库。是在前人研究成果的基础上，结合当前的实际提炼和升华出来的，具有渊博而厚实的文化功底与丰富的知识积累，体现了继承性、批判性、选择性的科学精神。二是来源于大量的实践，包括他本人的直接实践与他人的间接实践，体现了实践是检验真理的唯一标准的科学思想。特别是他近几年来考察了全球各大洲，考察了各国经济、社会、文化等发展的实际，获得了重要的第一手资料，为他的研究提供了新的营养源。三是来源于他的独立思考的能力和创造精神，体现了研究工作中的科学思维。四是来源于他的刻苦钻研、求真务实和不唯书、不唯上、只唯实的实事求是的科学态度，体现了理论密切结合实际的良好学风。五是来源于将自然科学，重视实验的研究方法运用到社会科学里，重视实证并把二者密切结合起来融为一体，体现了严谨的整体的科学态度。六是来源于良好的文风，体现了其‘言之有据、言之有物、言之有理’的严肃作风。”

于光（《农民日报》资深记者）

“祝贺孙老师创造了新的成就！看到了您和孙老师近照，不胜感慨！万鹏老师积30多年心力，研究构筑了一座恢宏瑰丽的科学大厦，哲学、农学、经济学、自然科学、社会科学、第3种科学，甚至诗歌文学无所不及！在人类探索真善美的物质、精神道路上，叹为观止，难以想象。祝愿二位老师健康快乐，为中华知识宝库展现更通灵的智慧！”

蒋玉铭（中国水稻所首届党委委员、首任所办主任）

孙万鹏老书记的巨作已在全球产生重要影响！对此表示热烈祝贺！尤其是顽强战斗的精神，值得我们学习！有这样的老书记，我深感光荣！

武汉灰色系统研究会〔1994〕5号文件

自孙万鹏先生于1991年初首创“灰哲学”以来，出版了《表现学》等灰学系列著作，在国内外产生了广泛的影响。在全国第六次、第七次灰色系统学术研讨会上，孙万鹏先生均被推举为全国学术委员会主任。最近孙先生的《论思维方式》等成果，具有很高的水准。其影响不啻为一颗“文化原子弹”。为了推动我国的灰哲学的不断发展，本研究会决定特聘孙万鹏先生为灰哲学研究员。专此文告。

中国管理科学研究院农业经济技术研究所《通讯》月刊

孙万鹏同志是本所特约的著名专家，也是本刊重量级作者，系灰学创始人，已出版有关灰学著作26部。2017年将尚未出版的6部合编为《灰熵学》文集，总计800多万字，包括6卷，1—3卷为论著集，4卷为论文集，5卷为小说集，6卷为杂文集，反映了他在灰学研究上的巨大成就，涉及领域十分广泛。本刊先后刊载了他的文章132篇，包括增刊专辑13篇，受到社会各界的广泛关注与高度评价。我们对孙万鹏《灰熵学》文集的问世表示热烈祝贺与崇高敬意，对他多年以来对本所的支持表示衷心的谢意。(2018年第4期)

附录四

媒体报道集锦

灰学是科学哲学的重要内容，包括分析、模型、技术、预测、决策等体系，其中决策又有灰局势、灰层次、灰关联、灰度等。灰度决策即用灰信息测度表示灰数的不确定程度，是一种可以实现“双赢”的决策。随着全球前沿产业对大数据应用及跨国企业面对市场不确定性走势，近年来在国内外顶级学府与企业备受关注。

孙万鹏灰学研讨会暨《孙万鹏灰学文集》（10—12卷）首发式（以下简称：“研讨会”）由世界灰学文化联合会主办，中国管理科学研究院、浙江大学室内设计所协办，孙万鹏灰学文集编辑出版指导委员会、浙江日报报业集团承办，于2019年9月15日在杭州浙江日报社国际会议厅召开。本次研讨会是继“‘设计在场’——当代设计策展的灰度决策沙龙”之后，从引领产业高层管理角度聚焦灰度决策的一次深化。适逢灰学创始人、世界灰学文化联合会主席孙万鹏《孙万鹏灰学文集》（10—12卷）首发，邀请国务院原副秘书长刘济民等一行与高校学者、知名企业代表等探讨中国改革开放新局势下，灰学与日常实践的融贯路径。以下收录了以研讨会为主的近十多篇相关报道，以及部分现场影像资料。

浙江台州民营经济40年成长路：从“冒险”到“力推”

隔着屏幕，观看在北京举行的庆祝改革开放40周年大会，得知从浙江台州走向世界的“汽车大王”李书福被授予“改革先锋”后，82岁的王植江感慨万分，“1978年，台州人均GDP只有224元4角4分，是浙江省倒数第一。穷则思变，才有了股份合作制的兴起以及之后民营经济的辉煌。”

从“一穷二白”的农业社会，到“村村点火、户户冒烟”；从“打硬股”“股份制”，到如今的“制造之都”，台州这片“一遇雨露就发芽，一有阳光就灿烂”的热土，民营经济在此诞生、发展、壮大，艰难曲折且又矢志不渝。

敢为人先　开启股份合作制先河

20世纪70年代末，随着中国经济体制的转轨和社会结构的转型，台州开始实现从传统农业社会向现代工业社会的转变，各地逐渐释放改革活力。

1980年，浙江临海县（现属台州临海）双港区创办金属薄膜厂，但由于资金不足，时任中共双港区委正副书记带头以股份形式向社会筹集资金2万元，每股500元，入股者参加企业分红，开创了中国股份合作办企业的先河。

“以前的社办、村办企业因为产权不明晰，导致管理水平和效益低下，企业支撑吃力。”谈及当年筹办时候的状况，原中共双港区党委副书记王植江谈道，“农民分田到户后的热情空前高涨，在此情形下，推出股份合作制经济形式来促进原有的企业发展已成一种必然趋势”。

在此背景下，“所以就算上面大讨论，我们继续自己甩手干。”王植江坦言，实践证明敢想敢做的台州人并没有走错路。

双港金属薄膜厂由此成了第一家“吃螃蟹”的企业。在当时，因为基层干部参加入股分红，一时间犹如巨石击水，涌起千层浪。

无独有偶。1981年，温岭县（现属台州温岭）牧屿公社青年农民陈华根与朋友合股，筹集资金9000元，创办了一家只有10多人的小企业。1982年冬，陈华根和几个合伙人来到温岭县工商局，要求办理集体企业的执照。

事实上，他们的心情十分矛盾：不戴集体企业这顶“红帽子”怕不能注册；戴上“红帽子”，又怕企业产权不明晰，不利于自主经营。陈华根和合伙人希望先领到工商执照，戴上“集体企业”的“红帽子”，以后再随机应变。

1982年12月18日，温岭县工商局经慎重研究，为陈华根等颁发了〔1982〕第74号文件：“同意建办温岭县牧屿牧南工艺美术厂，企业性质属社员联营集体。”这是经工商部门核准登记的中国第一家股份合作制企业。

大浪淘沙　创造民营经济新辉煌

“如果出问题，大不了我们回家卖红薯去，你（孙万鹏）来煮，我来卖。”1986年10月23日，时任浙江省黄岩县县长王德虎的这句调侃，道出了改革开放“探路者”的改革魄力。

回忆起中国首个由地方党委、政府正式颁布的推行股份合作制的“红头文件”——《关于合股企业的若干政策意见》签发的“历史一刻”，在时任黄岩县农工部副部长杨明看来，“决绝程度并不亚于为出台家庭联产承包制，安徽凤阳小岗村18家农户按下红手印的时刻”。

一石激起千层浪，台州先后颁发了《关于进一步完善股份合作企业的通知(试行)》《台州地区股份企业试点实施意见(试行)》等一系列政策措施，为发展股份合作制经济“添把劲”。到1988年年底，台州这类企业已达9000多家，创产值37亿多元。

从萌生到“嫁接”，从排斥到争论，从接纳到发展。1997年8月24日，《人民日报》以“富有实效的探索”为题刊文，首次向全国推介台州股份合作制的经验。

这种集股份与合作于一身，联劳动与资本为一体的崭新经济组织形式，在台州乃至中国焕发了蓬勃的生命力。

改革的春风劲吹台州，“草根经济”焕发新活力，造就了台州民营经济从无到有、由弱变强，孕育了一批走向世界的台州企业。

“中学时期，改革开放的春雷就在我心中激起千层浪花。”自诩“放牛娃”的李书福说，高中还没有毕业，他就开始期待参与市场经济活动的各种梦想。从照相馆到冰箱厂，从摩托车到汽车……没有人能想到，嚷着“四个轮子两张沙发”的李书福，在改革开放浪潮中，实现了让中国汽车跑遍世界之梦。

解决“有没有”的问题，造就了台州曾经的辉煌；面对“好不好”的时代背景，台州以“创新”“转型升级”来回应，一场如火如荼的“科技新长征”，让民营经济新辉煌的种子，生根发芽。

从一家作坊式缝纫机工厂起步，杰克股份不仅开创了中国缝纫机海外并购的先河，并尝试从设备制造商到智能制造成套解决方案服务商的角色转变。

如今，以世界级制造集群为方向，台州积极抢滩制造业的“高端阵地”。数据显示，2017年，台州GDP突破4000亿元，不到40年，增长了430多倍。全部工业增加值增长10.8%，增速居浙江省第一位。

“改革开放造就了民营经济今日的辉煌。”改革开放40年之际，台州市委书记陈奕君在全面深化改革再创民营经济新辉煌大会上曾表示，要将改革进行到底，再创民营经济新辉煌。

范宇斌，中国新闻网，2018年12月19日

孙万鹏灰学研讨会在杭举行

9月15日，孙万鹏灰学研讨会暨《孙万鹏灰学文集》（10—12卷）首发式在杭举行，与会专家、学者等百余人对灰学研究的最新成果进行了深入研讨。

灰色，介于黑白之间，处于中间地带。在系统论和控制论中，按国际惯例以颜色显示信息度，信息明确的为白色，不明确的为黑色，部分明确与部分不明确的为灰色。灰学作为一种新科学、新理论和全新的思维方式，对科学决策、日常生活等方面都有着十分重要的意义。钱学森称赞“灰学是一门大有前途的新学科”。孙万鹏作为灰学创始人、世界灰学文化联合会主席，笔耕不辍，在80岁高龄推出了《孙万鹏灰学文集》（10—12卷），完成1000万字的灰学巨著，是我国灰学理论研究的重要成果。

孙万鹏的灰色理论是以信息不完全的“灰色系统”作为研究对象，根据一系列的数据，运用微分方程计算出需要预测的结果。灰学理论中的“灰度决策”追求的不是零和博弈，你输我赢，而是双赢甚至多赢的结果。目前，“灰度决策”在企业管理中已经有不少成功应用，“灰度决策”可以帮助管理者判断何谓“正确”，以开放宽容为核心，帮助企业解决战略、发展创新、权力分配、管理尺度和原则诸多方面的问题。

逯海涛，浙江新闻，2019年9月15日

孙万鹏灰学研讨会在杭举行

9月15日，孙万鹏灰学研讨会暨《孙万鹏灰学文集》（10—12卷）首发式在杭举行。本次研讨会聚集了许多高校学者、知名企业代表从引领产业高层管理角度聚焦灰度决策，探讨中国改革开放新局势下，灰学与日常实践的融贯路径。

在系统论和控制论中，按国际惯例以颜色显示信息度，信息明确的为

白色，不明确的为黑色，部分明确与部分不明确的为灰色。“灰度决策”即用灰信息测度表示灰数的不确定程度，是一种可以实现“双赢”的决策，随着全球前沿产业对大数据应用及跨国企业面对市场走势日渐不确定，近年来在国内外顶级学府与企业备受关注。

孙万鹏系灰学创始人，笔耕不辍，在80岁高龄完成1000万字的灰学巨著，是我国灰色理论研究的重要成果。他所研究方向为复杂灰色巨体系、灰熵学等，曾发表论文200余篇，出版著作33部共12卷。

目前，“灰度决策”在企业管理中已经有不少成功应用，可以帮助管理者判断何谓“正确”，以开放宽容为核心，帮助企业解决战略、发展创新、权力分配、管理尺度和原则诸多方面的问题。

郑晖，《杭州日报》，2019年9月15日

《孙万鹏灰学文集》（10—12卷）昨天首发

昨天下午，《孙万鹏灰学文集》（10—12卷）在杭州首发，孙万鹏称其为“寂寞书斋里”“今年八十岁才得以实现的愿望”。同时还举行了孙万鹏灰学研讨会，孙万鹏回顾了创作往事。

孙万鹏于1940年出生，是浙江温州人，1963年毕业于现浙江大学（华家池校区）植物保护系，1983年毕业于中央党校，系灰学创始人。

灰学，是科学哲学的重要内容，包括分析、模型、技术、预测、决策等体系。“灰度决策”即用灰信息测度表示灰数的不确定程度，被称为一种可以实现“双赢”的决策。

20世纪80年代初，国务院原副秘书长刘济民便和孙万鹏相识。昨天的研讨会上，刘济民说，孙万鹏多年从事农村工作，从农学领域到哲学领域，又到文学领域，在不同学科、不同领域，都有不平凡的业绩。

有关灰学理论的学术研究，孙万鹏达到了国际领先水平。他还创造性地把灰学理论运用于文学创作。2003年，孙万鹏出版了灰学长篇小说《澄江情》（上下卷），后来还被改编成了电视剧，由刘晓庆等主演。2008年，孙万鹏又出版了灰学长诗《债》，被称为“当代灰学诗人”。

林建安，《都市快报》，2019年9月16日

八旬老人笔耕不辍，出版1000万字灰学著作

昨天下午在杭州，各路大咖汇聚在“孙万鹏灰学研讨会暨《孙万鹏灰学文集》（10—12卷）（300万字）首发式”。

研讨会的主角叫孙万鹏。老人年已八旬，但精神矍铄。他致力于灰学研究30多年，是全国灰色系统学术委员会主任、世界灰学文化联合会主席，曾获中国管理科学院“管理科学终身成就奖”。

《孙万鹏灰学文集》（1—12卷），总共约1000万字，是孙万鹏预定的写作目标，随着昨天后三卷的首发，老人撰写的千万字灰学巨著愿望得以实现。

灰学是一门哲学，也是一门思维科学，是在“灰色系统理论”的基础上发展起来的。灰色系统理论是社会科学与自然科学相结合的一门学科，也是介于传统白色理论和现代黑色理论之间，并超越于这两种理论的一门新兴学科，在多个科学领域有着广泛的运用前景。这一理论将控制论的观点和方法延伸到社会、经济系统，是自动控制科学与运筹学等数学方法相结合的一个新的系统控制理论。已有清华大学、浙江大学、中国人民大学、北京师范大学等全国多所高校开设了灰色理论课，绝大部分省市都设立了灰色理论研究机构。

很难想象，著作等身的孙万鹏，曾经是一个身患绝症、医生宣称只能活一年的肝癌病人，阅读和写作让他鼓起了与病魔斗争的勇气。此次首发的三卷著作，是孙万鹏逐字逐句在稿纸上写出来，之后由夫人吴文上录入电脑，交由出版社公开出版发行的。

杨一凡，《钱江晚报》，2019年9月16日

抱病著书立说三十余载，八旬老翁开创系统控制理论新学

本报讯9月15日，孙万鹏灰学研讨会暨《孙万鹏灰学文集》（10—12卷）首发式在杭举行，与会专家、学者等百余人对灰学研究的最新成果进行了深入研讨。

孙万鹏曾任浙江省农业厅厅长，年已八旬，精神矍铄。他致力于灰学研究30多年，是全国灰色系统学术委员会主任、世界灰学文化联合会主席，曾获中国管理科学院“管理科学终身成就奖”。

灰色，介于黑白之间。在系统论和控制论中，按国际惯例以颜色显示信息度，信息明确的为白色，不明确的为黑色，部分明确与部分不明确的为灰色。灰学作为一种新科学、新理论和新的思维方式，对科学决策、日常生活等都有着十分重要的意义。钱学森称赞“灰学是一门大有前途的新学科”。孙万鹏作为国内外灰学创始人，笔耕不辍，至今已完成1000万字的灰学巨著，是我国灰学理论研究的重要成果。

据介绍，灰学理论将控制论的观点和方法延伸到社会、经济系统，是自动控制科学与运筹学等数学方法相结合的一个新的系统控制理论。清华、浙大、人大和北师大等全国多所高校已开设了灰色理论课，绝大部分省市设立了灰色理论研究机构。

很难想象，著作等身的孙万鹏，曾经是一个身患绝症、医生宣称只能活一年的肝癌病人，阅读和写作让他鼓起了与病魔斗争的勇气。此次首发的三卷著作，是孙万鹏逐字逐句在稿纸上写出来，之后由夫人吴文上录入电脑，由出版社公开出版发行的。

金国栋，《农村信息报》，2019年9月16日

灰学研讨会暨《孙万鹏灰学文集》（10—12卷）日前在杭州首发

日前，灰学研讨会暨《孙万鹏灰学文集》（10—12卷）首发式在浙江杭州举行，国务院原副秘书长刘济民，浙江大学原副校长、博士生导师程家安，浙江农业大学原党委副书记、教授邹先定，农业农村部功能食品开放实验室成果转化试验推广中心主任、中国管理科学研究院农业经济技术研究所所长胡兆荣，中国水稻研究所党委副书记方向，浙江省原农业厅副厅长张鸿芳，《浙江日报》记者协会主席李丹等领导出席了本次研讨会。

原农业部政策体改法规司司长、中国管理科学研究院农业经济技术研究所前任所长郭书田同志向本次研讨会发来了祝贺信，会议由浙江省政府原副秘书长兼办公厅主任俞仲达同志主持。

灰学，是科学哲学的重要内容，包括分析、模型、技术、预测、决策等体系。“灰度决策”即用灰信息测度表示灰数的不确定程度，被称为一种可以实现“双赢”的决策。灰学理论中的“灰度决策”追求的不是零和博弈，你输我赢，而是双赢甚至多赢的结果。目前，“灰度决策”在企业管理中已

孙万鹏“灰学”研

《孙万鹏灰学文集》（10—12卷）首发式现场

孙万鹏“灰学”研

《孙万鹏灰学文集》（10—12卷）首发式现场

经有不少成功应用，可以帮助管理者判断何谓“正确”，以开放宽容为核心，帮助企业解决战略、发展创新、权力分配、管理尺度和原则诸多方面的问题。

孙万鹏于1940年4月16日出生在浙江省温州市区五马街一个裁缝家庭。1959年以全省医农类高考总分第一名成绩考取浙江农业大学植保系（现浙江大学华家池校区），毕业后分配至浙江省农业厅工作。1982年就读于中央党校，一年后回省，成为全国最年轻的省农业厅厅长，全省最年轻的正厅级干部。一个偶然机会开始对华中理工大学博士生导师邓聚龙教授的灰数学之哲学进行研究，1991年开始出版《表现学》《灰色价值学》等五部灰学著作。系灰学创始人，并任世界灰学文化联合会主席，全国灰色系统学术委员会主任。《孙万鹏灰学文集》（1—12卷）约1000万字，是孙万鹏预定的写作目标，随着9月15日后三卷的首发，他撰写的千万字灰学巨著愿望已得到实现。

据了解，孙万鹏同志曾患癌症，1987年发现时已是中晚期。他上了手术台又从手术台上下来，断然拒绝手术、化疗、放疗等常规的临床治疗。他的父母和弟弟、妹妹都是罹患同样的癌症，都是在做完手术后不久就去世的。既然手术，化疗、放疗等对许多癌症患者都没有多大作用，都难免一死，为什么不换个思路，为什么不去另寻生路呢？他以超常的毅力，潜心学术研究，坚持锻炼身体，坚持修炼“舞动论”健康养身法，以增强自身战胜癌症的能力，居然大见奇效！几年之后，肝部恶性肿瘤神奇地由大变小、由小变无。从发现肝癌到现在，已经过去了32年，再没有复发。

一个被病魔折磨得死去活来的人，在与疾病抗争中竟然创立了一门与自己所学专业毫不相干的全新的学科，短短30年间创作并出版了1000多万字的著作，专家们评议他的理论具有“国际领先水平”，这门学科已在世界学术界引起巨大反响，实属罕见。

笔者还了解到，孙万鹏同志的夫人吴文上老师在孙万鹏进行灰学理论的研究和《灰学文集》的整理编辑过程中给予了很大的支持和协助，整部文集的文字录入基本上是吴文上老师一个人用电脑键盘逐字逐句敲出来的。为了节约时间，他们夫妇甚至多年来没有在家里做过一顿饭，都是在单位食堂用餐。

他们夫妇还出访了世界近60个国家，进行考察和调研，验证灰学理论的生命力。这真正体现了夫唱妇随、鸾凤和鸣的夫妻深情。在他们坚持不懈的劳苦耕作下，《孙万鹏灰学文集》必将成为一株根深叶茂的参天大树，矗立在世界灰学的学术之林。

农业科学研究院综合办公室，2019年9月17日（版权归原作者所有）

孙万鹏灰学研讨会在杭召开

孙万鹏灰学研讨会暨《孙万鹏灰学文集》（10—12卷）首发式日前在杭举行，与会专家学者百余人对灰学研究的最新成果进行了深入研讨。

灰色，介于黑白之间。在系统论和控制论中，按国际惯例以颜色显示信息度，信息明确的为白色，不明确的为黑色，部分明确与部分不明确的为灰色。灰学作为一种新科学、新理论和新的思维方式，对科学决策、日常生活等都有着十分重要的意义。

孙万鹏是灰学创始人，是全国灰色系统学术委员会主任、世界灰学文化联合会主席，曾获中国管理科学院"管理科学终身成就奖"。他出生于1940年，浙江温州人，1963年毕业于现浙江大学华家池校区植物保护系，1983年毕业于中央党校。

孙万鹏年已八旬，精神矍铄。在致力于灰学研究的30多年来，他笔耕不辍，加上本次推出的《孙万鹏灰学文集》（10—12卷），已累计著作1000万字。

张姝，杭+新闻，2019年9月18日

附录五

捐赠及收藏

部分捐赠证书

截至2019年12月，《孙万鹏灰学文集》（10—12卷）已经无偿捐赠至：农业农村部、北京市农业农村部离退休干部局综合处、浙江大学（华家池校区）离退休工作处、浙江档案馆、浙江图书馆、浙江理工大学、浙江省政府办公厅秘书处、浙江省机关事务管理局、浙江省政府警卫中队、浙江大学（西溪校区）浙大室内设计所、杭州图书馆、《光明日报》浙江记者站、新华社浙江分社、浙江利民实业集团有限公司、太湖书院、华中师范大学、华南农业大学、温州第四中学等50余家单位及100余位农业、设计、金融等各行业代表，以及北京市各重点图书馆与档案馆，供广大学者与读者参考学习。以下为已接受捐赠的北京市各图书馆、档案馆联系方式：

图书馆名称	地址	电话
中国国家图书馆	北京市海淀区中关村南大街33号	010-88545426
北京大学图书馆	北京市海淀区颐和园路5号北京大学	010-62757167
北京大学医学部医学图书馆	北京市海淀区学院路38号	010-82801268
北京第二外国语学院图书馆	北京市朝阳区定福庄南里1号	010-65778574
北京电影学院图书馆	北京市海淀区西土城路4号	010-82283219
北京电子科技职业学院图书馆	北京市大兴区凉水河一街9号	010-87220839
北京工商大学图书馆	北京市海淀区阜成路33号	010-68984612
北京工业大学图书馆	北京市朝阳区平乐园100号	010-67391819
北京工业职业技术学院图书馆	北京市石景山区石门路368号	010-51513350
北京航空航天大学图书馆	北京市海淀区学院路37号	010-82317067
北京化工大学东校区图书馆	北京市东城区北三环东路15号	010-64418042
北京建筑大学图书馆	北京市西城区展览馆路1号	010-68332396
北京交通大学东校区图书馆	北京市海淀区高梁桥斜街44号	010-51686052
北京交通大学图书馆	北京市朝阳区银杏大道上元村3号	010-51688528
北京金彩艺术图书馆	北京市西城区北三环中路甲29号华尊大厦2楼	010-82253096
北京警察学院图书馆	北京市昌平区南口镇南涧路11号	010-89768663
北京科技大学管庄校区图书馆	北京市朝阳区管庄路东200米	010-65749133
北京科技大学图书馆	北京市海淀区学院路30号	010-62332482
北京理工大学中关村校区图书馆	北京市海淀区中关村南大街5号	010-68913408
北京联合大学商务学院图书馆	北京市朝阳区延静东里甲3号	010-65940715
北京联合大学师范学院图书馆	北京市东城区安定门外外馆斜街5号	010-64217711
北京林业大学图书馆	北京市海淀区清华东路35号	010-62338259
北京农学院图书馆	北京市昌平区回龙观镇朱辛庄北农路7号	010-80799072
北京农业职业学院图书馆	北京市房山区近郊长阳镇稻田南里5号	010-89909543
北京师范大学图书馆	北京市海淀区新街口外大街19号	010-58806113
北京石景山区图书馆少年儿童图书馆	北京市石景山区古城南路11-4号	010-68875256
北京石油化工学院图书馆	北京市大兴区清源北路19号	010-81292107

图书馆名称	地址	电话
北京体育大学图书馆	北京市海淀区信息路48号	010-62989418
北京图书大厦	北京市西城区西长安街17号	010-66078477
北京图书大厦（亚运村店）	北京市朝阳区慧忠北里309号楼2层、3层	010-64801180
北京图书馆出版社	北京市西城区文津街7号	010-66114536
北京外国语大学东校区图书馆	北京市海淀区西三环北路2号院	010-88816854
北京戏曲艺术职业学院图书馆	北京市丰台区马家堡东里8号	010-67561657
北京信息工程学院图书馆	北京市朝阳区北四环中路35号	010-64872255
北京印刷学院图书馆	北京市大兴区兴华大街二段1号	010-60261183
北京邮电大学图书馆	北京市海淀区西土城路10号	010-62283506
北京语言大学图书馆	北京市海淀区学院路15号	010-82303636
北京中医药大学图书馆	北京市东城区北三环东路11号	010-64287502
昌平区图书馆	北京市昌平区府学路10号	010-69742610
朝阳区少儿图书馆	北京市朝阳区安华西里1区1号楼A座	010-64297035
朝阳区图书馆（朝外小庄店）	北京市朝阳区金台路17号	010-85995609
朝阳区图书馆（朝阳路管）	北京市朝阳区朝外小庄金台里17号	010-85991055
朝阳区图书馆（和平街社区分馆）	北京市朝阳区和平街十区13号楼北侧平房	010-64205309
朝阳区图书馆（新馆）	北京市朝阳区广渠路66号院3号楼	010-87715640
大兴区图书馆	北京市大兴区黄村西大街11号	010-69290350
东城区第二图书馆	北京市东城区西花市大街113号	010-67124728
东城区第一图书馆	北京市东城区交道口东大街85号	010-64051155
东城区图书馆（龙潭街道分馆）	北京市东城区夕照寺大街16号院华城滨河世家5号楼	010-67114209
房山区图书馆	北京市房山区城管东大街15号	010-69313103
房山区燕山图书馆	北京市房山区岗南路8号	010-69345233
丰汇园图书馆	北京市西城区丰汇园小区15号楼1层	010-66138073
丰台区青少年儿童图书馆	北京市丰台区南路84号	010-63803302
丰台区图书馆	北京市丰台区西四环南路64号	010-63813793
国家图书馆（古籍馆）	北京市西城区文津街7号	010-88003100
海淀区图书馆	北京市海淀区丹棱街16号海兴大厦C座	010-82605290
海淀区图书馆（北馆）	北京市海淀区白家疃东路与温泉路交会处	010-62451159
和平里街道图书馆	北京市东城区和平里民旺南胡同甲18号	010-84133875
后勤学院图书馆	北京市海淀区太平路23号	010-66844280
怀柔图书馆（京加路）	北京市怀柔区富乐大街8号	010-89688200

图书馆名称	地址	电话
建国门街道图书馆	北京市东城区朝阳门南小街14号	010-65230338
景山街道图书馆	北京市东城区黄化门街8号	010-84027990
六里屯图书馆	北京市朝阳区延静里2号	010-65928730
门头沟区图书馆	北京市门头沟区东辛房市场街8号	010-69843316
密云图书馆	北京市丰台区四眼井胡同6号	010-69043403
潘家园街道图书馆（武圣东街）	北京市朝阳区松榆里3号楼	010-67301600
平谷区图书馆	北京市平谷区府前西街1号文化大厦	010-89999515
清华大学图书馆	北京市海淀区双清路30号	010-62782137
三院图书馆	北京市丰台区飞航路北50米	010-88532112
国家图书馆少年儿童图书馆	北京市海淀区中关村南大街33号	010-88545080
圣若瑟图书馆	北京市大兴区圣和巷5号	010-69265400
石景山区图书馆	北京市石景山区八角南路2号	010-68878503
首都图书馆	北京市朝阳区东三环南路88号	010-67358114
顺义区图书馆	北京市顺义区光明南街20号	010-69447265
通州区图书馆	北京市通州区通胡大街76号	010-56946717
物料图书馆	北京市海淀区顺白路与马泉营村路交叉口	010-84351603
西城区第二图书馆	北京市西城区教子胡同8号	010-83550826
西城区第一图书馆	北京市西城区后广平胡同26号	010-66561158
西城区青少年儿童图书馆	北京市西城区西直门内大街69号	010-62237577
西三旗街道图书馆	北京市海淀区永泰东里50号楼三层	010-62907413
延庆区图书馆	北京市延庆区妫水北街16号	010-69104546
云中图书馆	北京市海淀区丰润中路与永大路交叉口东北50米	010-56519999
杂书馆（国学馆）	北京市朝阳区崔各庄乡何各庄村328号	010-84308727
中关村图书馆	北京市朝阳区北四环西路68号5层	010-82676698
中国版本图书馆	北京市东城区先晓胡同10号	010-65123880
中国盲文图书馆	北京市西城区太平街甲6号富力摩根中心B座	010-58689999
中国农业大学图书馆西馆	北京市海淀区圆明园西路2号	010-62737637
中央民族大学图书馆	北京市海淀区中关村南大街27号	010-68932489
国家测绘档案资料馆	北京市海淀区紫竹院百胜村1号	010-31125106
全国地质资料馆	北京市西城区阜成门外大街45号	010-51632938
北京交通大学档案馆	北京市海淀区西直门外上园村3号	010-51684301
国家档案局	北京市西城区阜成门外大街29号	010-55605200

图书馆名称	地址	电话
北京师范大学档案馆	北京市海淀区新街口外大街19号	010-58802284
北京师范大学档案馆	北京市海淀区新街口外大街19号	010-58804408
中国政法大学档案馆	北京市昌平区东关路北100米	010-58909033
大兴区社会建设工作办公室	北京市大兴区兴政街15号	010-61298597
中国电影资料馆（百子湾店）	北京市朝阳区南磨房百子湾南二路2号	010-62254422
北京邮电大学档案馆	北京市海淀区西土城路10号蓟门桥南	010-62282094
中央财经大学档案馆	北京市海淀区学院南路39号	010-62288936
中央财经大学档案馆	北京市海淀区学院南路39号	010-62288936
北京科技大学档案馆	北京市海淀区平乐园100号	010-62332312
北京林业大学档案馆	北京市海淀区清华东路35号	010-62338279
中国人民大学档案馆	北京市海淀区中关村大街59号	010-62512934
海淀区档案馆	北京市海淀区温泉路47号北部文化中心C座2楼	010-62523709
中国农业大学西校区档案馆	北京市海淀区圆明园西路2号	010-62732739
中国农业大学西校区校史馆	北京市海淀区圆明园西路2号	010-62732898
北京大学档案馆	北京市海淀区颐和园路5号燕园	010-62765931
清华大学档案馆	北京市海淀区双清路30号	010-62782476
北京体育大学校史馆	北京市海淀区信息路48号	010-62989253
中国第一历史档案馆	北京市东城区景山前街4号故宫博物院内	010-63099011
国家档案局档案干部教育中心	北京市朝阳区永安路106号虎坊路办公楼	010-63163112
西城区政协	北京市西城区广安门南街68号	010-63532010
宣武区档案馆	北京市宣武区麻刀胡同甲14号	010-63532741
小关东街社区档案室	北京市朝阳区小关东街5号楼附近	010-64304889
大山子社区档案室	北京市朝阳区大山子活动中心402	010-64309132
国家安全生产监督管理总局（现中华人民共和国应急管理部）档案馆	北京市朝阳区北苑路32号甲1安全大厦	010-64463376
对外经济贸易大学档案馆	北京市诚信东路与诚信北路交叉口东北100米	010-64492151
中国藏学研究中心图书资料馆	北京市朝阳区北四环东路131号	010-64932925
朝阳区档案馆	北京市朝阳区朝阳门外大街日坛北街33号	010-65094271
北京市档案馆	北京市丰台区蒲黄榆路42号	010-65121613
东城区档案馆	北京市东城区外交部街甲28号	010-65240960
交通运输部档案馆	北京市东城区建国门内大街11号附近	010-65292301
中国档案学会	北京市西城区丰盛胡同21号	010-66175130

图书馆名称	地址	电话
北京市城市建设档案馆	北京市西城区二七剧场路5号	010-68025490
北京城市建设档案馆	北京市西城区二七剧场路5号	010-68025490
中国气象局气象档案局	北京市海淀区中关村南大街46号	010-68406114
北京化工大学档案馆	北京市海淀区紫竹院路98号	010-68416624
中央电视台音像资料馆	北京市西城区真武庙路二条9号	010-68506542
航天五院档案馆	北京市海淀区西北旺镇航天城	010-68767492
中国统计资料馆	北京市西城区月坛南街57号	010-68783311
石景山区档案馆	北京市石景山区杨庄东路69号	010-68833005
石景山区市政市容管理委员信访代理室	北京市石景山区杨庄东路9号	010-68861103
石景山区质量技术监督局	北京市石景山区杨庄东路73号	010-68865189
北京理工大学档案馆	北京市海淀区紫竹院	010-68912282
中央民族大学档案馆	北京市海淀区中关村南大街27号	010-68932442
密云区档案局	北京市密云区西门外大街5号	010-69042588
大兴区档案馆	北京市大兴区兴政街18号	010-69244557
大兴区信访办公室	北京市大兴区兴政街20号	010-69248140
大兴区房屋档案信息服务中心	北京市大兴区林校北里甲11号	010-69261349
燕化档案馆	北京市房山区燕山岗南路1号	010-69341089
通州区外经贸委	北京市通州区新华北街161号	010-69543319
通州区水务局	北京市通州区新华北路153号	010-69544658
通州区档案馆	北京市通州区北苑街道新华北街161号	010-69546449
怀柔区档案局	北京市怀柔区青春路乙2号	010-69624397
怀柔区档案局（迎宾路）	北京市怀柔区迎宾中路9号	010-69643397
昌平区司法局委员会	北京市昌平区东环路146号	010-69721022
首都图书馆昌平农业资料中心	北京市昌平区府学路10号	010-69742610
昌平区档案局	北京市昌平区东环路144号	010-69747164
平谷区档案馆	北京市平谷区文化南街文乐胡同6号	010-69964553
中国石油档案馆	北京市中国石油科技园内	010-80161800
北京工商大学档案馆	北京市海淀区阜成路33号	010-81353819
房山区档案局	北京市房山区拱辰街道政通路18号	010-81380875
中国电影资料馆	北京市海淀区文慧园路3号	010-82296008
北京语言大学档案馆	北京市海淀区学院路15号	010-82303036
北京航空航天大学档案馆	北京市海淀区学院路37号	010-82317570

图书馆名称	地址	电话
中国地质大学档案馆	北京市海淀区学院路29号	010-82322389
中国科学院档案馆	北京市海淀区中关村北四环西路33号	010-82626611
北京市工商局档案中心	北京市海淀区实兴大街64号 石景山工商分局大楼1层	010-82692076
中国艺术品档案中心	北京市海淀区知春路68号中国艺术品大厦	010-83252680
丰台区档案局	北京市丰台区文体路2号	010-83656390
西城区经济社会调查队	北京市西城区南菜园街51号	010-83976050
西城区档案局（二龙路）	北京市西城区二龙路27号	010-83976507
西城区档案局	北京市西城区白纸坊街道广安门南街68号	010-83976507
中国航空工业档案馆	北京市东城区帽儿胡同6号	010-84936134
朝阳区房屋管理局档案中心	北京市朝阳区石佛营东里128号院3层	010-85843281
北京市档案馆（营盘沟路）	北京市朝阳区南磨房路31号	010-87092828
北京音像资料馆	北京市东城区安乐林路18号6室	010-87258004
北京市普仁医院档案室	北京市东城区崇文门外大街100号附近	010-87928260
西城区档案馆	北京市西城区二龙路27号	010-88064613
机械工业档案局	北京市海淀区首体南路2号	010-88301520
南水北调中线干线工程建设 管理局档案馆	北京市海淀区复兴路甲1号A座	010-88657407
北京外国语大学校史馆	北京市海淀区西三环北路2号	010-88816077
石景山区统计局	北京市石景山区杨庄东路71号	010-88920357
寨辛庄村文档室	北京市通州区窑管路北50米	010-89559934

致 谢

本书得以顺利出版，首先特别要感谢《孙万鹏灰学文集》首发式与会代表的重视与支持，感谢《浙江日报社》老社长的帮助。其次，要感谢中国美术学院、浙江展览馆各位领导和老师的支持，他们对学术的热忱与对专业的精进态度，激励了灰学在设计领域的实践，同时也催生了本书中对灰度决策的再思考。

需要特别指出的是，与各位与会代表相关的历史性影像百余张，首发式现场照片和全程录像，离不开高级摄影师吴文贤、赵万春与陆寅的精心拍摄与制作，他们为灰学留下纪实性档案所做的努力令人钦佩。

希望本书的出版能掀起一阵涟漪，让灰学能在新时代、新情景的机遇与挑战中生长出更多的可能性，在年轻一代中绽放新的色彩。

编著者

2020 年 12 月